Materialwirtschaft (MM) in SAP S/4HANA® – Deltafunktionen und Customizing

Christine Kühberger

Willkommen bei Espresso Tutorials!

Unser Ziel ist es, SAP-Wissen wie einen Espresso zu servieren: Auf das Wesentliche verdichtete Informationen anstelle langatmiger Kompendien – für ein effektives Lernen an konkreten Fallbeispielen. Viele unserer Bücher enthalten zusätzlich Videos, mit denen Sie Schritt für Schritt die vermittelten Inhalte nachvollziehen können. Besuchen Sie unseren YouTube-Kanal mit einer umfangreichen Auswahl frei zugänglicher Videos:

https://www.youtube.com/user/EspressoTutorials.

Kennen Sie schon unser Forum? Hier erhalten Sie stets aktuelle Informationen zu Entwicklungen der SAP-Software, Hilfe zu Ihren Fragen und die Gelegenheit, mit anderen Anwendern zu diskutieren:

http://www.fico-forum.de.

Eine Auswahl weiterer Bücher von Espresso Tutorials:

- Muhamed Karalic:
  Praxishandbuch Materialstammdaten in SAP® ERP
  http://5204.espresso-tutorials.de
- Martin Munzel:
  Praxishandbuch MM-Kontenfindung in SAP® ERP und S/4HANA
  http://5214.espresso-tutorials.de
- Claudia Jost:
  Was ist eigentlich ein SAP® IDoc? Versenden elektronischer Dokumente in SAP®
  http://5251.espresso-tutorials.de
- Claudia Jost: Lieferantenbeurteilung mit SAP® MM
  http://5291.espresso-tutorials.de
- Robin Schneider:
  Praxishandbuch SAP® CVI (Customer-Vendor-Integration)
  http://5419.espresso-tutorials.de
- Robin Schneider: Praxishandbuch SAP®-Geschäftspartner (Business Partner) – Funktionen und Integration in SAP® S/4HANA (2., erweiterte Auflage)
  http://5468.espresso-tutorials.com

Bibliografische Information der Deutschen Nationalbibliothek
Die Deutsche Nationalbibliothek verzeichnet diese Publikation in der Deutschen Nationalbibliografie; detaillierte bibliografische Daten sind im Internet über https://portal.dnb.de abrufbar.

Christine Kühberger
Materialwirtschaft (MM) in SAP S/4HANA® – Deltafunktionen und Customizing

ISBN: 978-3-94517-090-8

Lektorat: Bernhard Edlmann Verlagsdienstleistungen, Raubling

Korrektorat: Die Korrekturstube

Coverdesign: Philip Esch

Coverfoto: © Martin Barraud | ID 484355041 – istockphoto.com

Satz & Layout: III-satz GbR

1. Auflage 2021

URL: *www.espresso-tutorials.de*

Feedback:
Wir freuen uns über Fragen und Anmerkungen jeglicher Art. Bitte senden Sie diese an: *info@espresso-tutorials.com*.

Inhaltsverzeichnis

Vorwort

Eine neue SAP-Welt ist im Anmarsch. Der Nachfolger von SAP ERP Central Component (ECC) 6.0 heißt SAP S/4HANA. Was kommt auf uns zu? Ist alles anders als vorher, oder werden wir auch auf Altbekanntes stoßen? Diesen Fragen wollen wir mit Blick auf die Materialwirtschaft (Einkauf und Bestandsführung) nachgehen.

Ursprünglich hatte SAP ein Wartungsende für SAP ERP Central Component 6.0 (in diesem Buch der Einfachheit halber SAP ECC genannt) für 2025 angekündigt. Jetzt ist offiziell von Ende 2027 die Rede. Eine etwas teurere sogenannte Extended-Wartung ist bis 2030 möglich. Aber auch dieser Zeitpunkt rückt in großen Schritten näher. Es ist also offenkundig höchste Zeit, sich mit S/4HANA zu beschäftigen!

Als ich das erste Mal mit S/4HANA in Berührung kam, war ich angenehm überrascht. Die vage Befürchtung, dass ich all mein bisher angesammeltes Wissen über Bord werfen und komplett neu anfangen müsste, bestätigte sich zum Glück nicht. Die Kernfunktionalität ist im Bereich der Materialwirtschaft weitgehend unverändert erhalten geblieben. Ein Überblick über die wesentlichen Neuerungen passt in dieses schlanke Büchlein.

Was ist das **Delta** zwischen SAP ECC und S/4HANA in der Materialwirtschaft? Schon länger bietet der Markt zu diesem Themenbereich Bücher mit vielversprechenden Titeln. Allerdings musste ich bei der Lektüre feststellen, dass sie den kompletten Umfang der Bestandsführung bzw. des Einkaufs mit SAP behandeln und man die S/4HANA-Neuerungen mühsam heraussuchen muss. Ich wähle hier bewusst eine andere Konzeption.

Dieses Buch richtet sich an Leser, die sich bereits mit SAP MM auskennen und einen ersten Einblick gewinnen wollen, welche **Änderungen** an der Kernfunktionalität S/4HANA mit sich bringt. Verständlich und anschaulich mit vielen Screenshots informiert es über die Frage: Welche Themen kommen nach der Migration zum neuen System in der Bestandsführung und im Einkauf auf Sie zu?

Zunächst werden wir uns den Stammdaten zuwenden. Insbesondere beim Kunden- und Lieferantenstamm gibt es eine weitreichende Neuerung: den SAP-Geschäftspartner (Business Partner). Ihn wollen wir uns ganz genau anschauen. Auch im Bereich des Materialstamms hat sich eine erwähnenswerte Änderung bezüglich der langen Materialnummer ergeben.

Danach widmen wir uns der Bestandsführung. Hier dürften das neue Datenmodell und die Tatsache, dass die Verwendung des Material-Ledger nunmehr verpflichtend ist, die größten »Brocken« sein.

Beim Einkauf haben sich einige kleinere Themen geändert, die wir uns anschließend anschauen werden.

Dann kommt ein ausführliches Kapitel über die – optional zu verwendende – neue Ausgabesteuerung unter S/4HANA. Diese wollen wir im Detail kennenlernen. Das Kapitel soll Ihnen als Entscheidungshilfe dienen, ob eine Umstellung auf die neue Ausgabesteuerung infrage kommt oder nicht.

Zu guter Letzt werfen wir noch einen Blick auf die SAP-Fiori-Oberfläche. Das Thema steht zwar nicht im Fokus dieses Buches, dennoch möchte ich Ihnen ein paar Informationen hierzu mitgeben.

Insgesamt haben sich viele Einzelheiten geändert, auch in technischer Hinsicht. Diese Neuerungen liste ich in diesem Buch auf. Unter Umständen verursachen sie bei der Migration einiges an Arbeit, aber sie sind schnell erklärt und werden deshalb relativ knapp behandelt. Zwei große Themenblöcke sind im Bereich der Anwendung konzeptionell neu: der SAP-Geschäftspartner und die neue Ausgabesteuerung. Um deren Funktionsweise im Detail verstehen zu können, werden beide sehr ausführlich behandelt.

Eine spannende neue Welt kommt auf uns zu. Ich wünsche Ihnen viel Freude dabei, in diese einzutauchen!

In den Text sind Kästen eingefügt, um wichtige Informationen besonders hervorzuheben. Jeder Kasten ist zusätzlich mit einem Piktogramm versehen, das diesen genauer klassifiziert:

Hinweis

Hinweise bieten praktische Tipps zum Umgang mit dem jeweiligen Thema.

Beispiel

Beispiele dienen dazu, ein Thema besser zu illustrieren.

Achtung

Warnungen weisen auf mögliche Fehlerquellen oder Stolpersteine im Zusammenhang mit einem Thema hin.

Die Form der Anrede

Um den Lesefluss nicht zu beeinträchtigen, verwenden wir im vorliegenden Buch bei personenbezogenen Substantiven und Pronomen zwar nur die gewohnte männliche Sprachform, meinen aber gleichermaßen Personen weiblichen und diversen Geschlechts.

Hinweis zum Urheberrecht

Zum Abschluss des Vorwortes noch ein Hinweis zum Urheberrecht: Sämtliche in diesem Buch abgedruckten Screenshots unterliegen dem Copyright der SAP SE. Alle Rechte an den Screenshots hält die SAP SE. Der Einfachheit halber haben wir im Rest des Buches darauf verzichtet, dies unter jedem Screenshot gesondert auszuweisen.

1 Der Einstieg in die S/4HANA-Welt

Damit Sie mitreden können, wenn die Sprache auf die S/4HANA-Umstellung kommt, sollen Sie zunächst einige Begriffe kennenlernen. Außerdem möchte ich Ihnen die »Simplification List« vorstellen, welche unerlässlicher Begleiter beim Einstieg in die S/4HANA-Welt ist.

1.1 Begriffe

Wofür steht *HANA*? Das Kürzel HANA leitet sich von *High Performance Analytic Appliance* ab. So wenig weltbewegend die Neuerungen im Bereich SAP MM sind – die bahnbrechende Innovation steckt bei HANA im technischen Detail dahinter. Die neue *In-Memory-Datenbank* eröffnet durch ihre Leistungsfähigkeit völlig neue Möglichkeiten. In-Memory meint, dass alle Daten direkt im Arbeitsspeicher (und nicht auf der Festplatte) abgelegt werden. Das erhöht die Performanz – Daten, die bisher aggregiert hinterlegt werden mussten, lassen sich nun in Echtzeit ermitteln. Gigantische Datenmengen werden in kürzester Zeit analysiert. *SAP HANA* ist die Bezeichnung für die neue SAP-Datenbank.

Und was bedeutet nun *S/4*? »S« steht für »Simple« – es soll also alles einfacher werden –, und »4« bezieht sich auf die vierte Programmgeneration von SAP (nach *R/2*, *R/3* und *ERP* kommt nun *S/4*). S/4HANA bezeichnet somit die Applikationsseite der neuen Welt.

Im Wesentlichen können Sie bei S/4HANA zwei Arten unterscheiden, das System aufzusetzen:

- *On-Premise-Version:* Der Kunde kümmert sich um die Hardware, die Server, die Datenbank, Updates etc.
- *Cloud-Version* (SAP HANA Enterprise Cloud): Die SAP stellt Hardware, Datenbank etc. zur Verfügung, kümmert sich um die Updates und bietet »Software as a Service«. Hier ist allerdings die Flexibilität eingeschränkt, gewisse Einstellungen, Customizing und Technologien sind vorgegeben.

Zusätzlich finden sich noch weitere Mischformen, auf die ich hier nicht im Detail eingehen möchte.

Außerdem können Sie sich für eine der folgenden Möglichkeiten der Benutzeroberfläche entscheiden, für

- die altvertraute *SAP GUI* oder
- die neue Benutzeroberfläche *SAP Fiori*.

Wenn Sie die webbasierte Benutzeroberfläche SAP Fiori verwenden, können Sie zahllose neue Apps nutzen, die bei Verwendung der SAP GUI nicht zur Verfügung stehen. Fiori läuft nicht nur auf dem klassischen Desktop-Rechner, es werden auch mobile Endgeräte wie Tablets und Smartphones unterstützt.

Die Screenshots für dieses Buch habe ich mit der SAP GUI und dem *Belize Theme* erstellt. Der Fokus ist auf die Neuerungen der Kernfunktionalität gerichtet; Fiori und seine Apps werden Sie am Ende des Buches in Kapitel 6 nur kurz kennenlernen.

1.2 Die Simplification List

Basis für die Themen dieses Buches ist die von SAP herausgegebene *Simplification List* (genauer Titel: *Simplification List for SAP S/4HANA 1909 Initial Shipment Stack*). Bei dieser »Liste« handelt es sich um ein PDF-Dokument mit mehr als 1000 Seiten (ohne Abbildungen!) und einem fast 20-seitigen Inhaltsverzeichnis. Sie ist der unerlässliche Begleiter, wenn Sie herausfinden möchten, was sich unter S/4HANA im Vergleich zu *SAP ECC* geändert hat.

Für jede Version von S/4HANA wurde von der SAP eine eigene Simplification List erstellt, also beispielsweise für 1610, 1809 oder 1909. Woher kommen diese Zahlen? Sie stehen für das Jahr und den Monat, ab dem die jeweilige Version verfügbar war. Die Version 1909, die Sie in diesem Buch als On-Premise-Lösung näher kennenlernen, wurde also im September 2019 veröffentlicht.

Die Simplification List enthält die Neuerungen für alle Module sowie auch für die branchenspezifischen Industrielösungen von SAP (z. B. Industry Oil oder Industry Retail & Fashion). Von den über 1000 Seiten ist also sicherlich nicht der gesamte Umfang für jedes Unternehmen relevant. In unserem konkreten Fall handelt es sich um folgende Kapitel der Simplification List, die wir in diesem Buch genauer betrachten werden:

- *Master Data*
- *Logistics MM-IM* (Bestandsführung)
- *Procurement* (Einkauf)

Sicherlich erspart Ihnen dieses Buch nicht ganz, sich selbst mit der Simplification List auseinanderzusetzen, die sich teilweise reichlich zäh liest und viele technische Details und Fachbegriffe enthält, die nicht erklärt werden. Mein Ziel ist es, Ihnen den Einstieg zu erleichtern und zu veranschaulichen. Nicht zuletzt dank der vielen Screenshots bekommen Sie eine konkrete Vorstellung, wie die Arbeit mit S/4HANA aussieht – auch falls Ihnen das System im Moment noch gar nicht zur Verfügung steht.

Zwei Themen der Simplification List hebe ich in diesem Buch besonders hervor:

- das Konzept des *SAP-Geschäftspartners*: Er ersetzt unter S/4HANA den Kunden- und Lieferantenstamm. Dieses Thema wird ausführlich behandelt, weil es große Auswirkungen auf die tägliche Arbeit hat;
- die *S/4HANA-Ausgabesteuerung*: Sie können flexibel je Modul entscheiden, ob Sie diese verwenden möchten oder ob Sie lieber bei der »alten« Ausgabesteuerung bleiben. Doch wie soll jemand wissen, ob sich eine Umstellung lohnt, wenn er nur ein paar Schlagworte dazu gelesen hat, was die neue Ausgabesteuerung alles kann? Wirklich anschauliche und umfassende Informationen hierzu sind derzeit noch schwer zu finden. Dieses Buch bietet einen ausführlichen Überblick über die neue Lösung und ermöglicht so eine Einschätzung, ob die Umstellung auf die neue Ausgabesteuerung im Migrationsprojekt Thema sein wird oder nicht.

Die Simplification List enthält sogenannte *Simplification Items* (Vereinfachungselemente). Diese Simplification Items behandeln jeweils ein Thema, dessen Sie sich bei der Einführung von S/4HANA annehmen müssen. Beispielsweise ist die Einführung des SAP-Geschäftspartners ein »Vereinfachungselement«. Die Bezeichnung ist etwas irreführend, und teilweise sind die Vereinfachungselemente ganz schön kompliziert.

Simplification Items lassen sich unter anderem in folgende Kategorien einteilen:

- Die Funktionalität hat sich geändert.
- Die Funktionalität existiert unter S/4HANA nicht mehr; eine neue Lösung wird zur Verfügung gestellt.
- Die Funktionalität existiert unter S/4HANA nicht mehr, und es gibt keinen Ersatz.

Zu jedem Simplification Item können Sie einen zugehörigen SAP-Hinweis nachschlagen. Die relevanten Hinweise werden hier im Buch jeweils in einem gesonderten Kasten aufgeführt.

Sowohl in den Kapitelüberschriften der Simplification List als auch in den Bezeichnungen der SAP-Hinweise ist die Abkürzung *S4TWL* zu finden (siehe Abbildung 1.1 und Abbildung 1.2). Sie steht für »S4 Transition Worklist«.

24. Logistics - MM-IM **405**
24.1 S4TWL - FMP in S4HANA *405*
24.2 S4TWL - Blocked customer or supplier in Inventory Management *406*
24.3 S4TWL - Document Flow Consistency for Goods Receipt to Inbound Delivery *409*
24.4 S4TWL - Change in default IDoc inbound processing with message type DESADV *413*
24.5 S4TWL - DATA MODEL IN INVENTORY MANAGEMENT (MM-IM) *415*
24.6 S4TWL - AVAILABILITY OF TRANSACTIONS IN MM-IM *425*
24.7 S4TWL - Material Ledger Obligatory for Material Valuation *426*
24.8 S4TWL - Material Valuation - Statistical moving average price *430*

Abbildung 1.1: Inhaltsverzeichnis der Simplification List

2267246 - S4TWL - MRP-Felder im Material-/Artikelstamm Version 5 vom 29.05.2020 auf Deutsch

Komponente: LO-MD-MM | Typ: Info zum Upgrade | Korrekturen: 0 | SAP-Hinweis/KBA-Nummer
Manuelle Aktivitäten: 0
Priorität: Korrektur mit mittlerer Priorität | Freigabestatus: Für Kunden freigegeben | Voraussetzungen: 0

Beschreibung | Softwarekomponenten | Referenzen | Attribute | Sprachen

Symptom

Sie führen eine Systemumstellung auf SAP S/4HANA, On-Premise-Edition aus. In diesem Fall gilt die im Folgenden genannte SAP-S/4HANA-Übergangsarbeitsvorratsposition.

Weitere Begriffe

MRP, Vereinfachung

Lösung

Vereinfachung: Dispofelder im Materialstamm in MM01/02/03

Die SAP-S/4HANA-Vereinfachung erfolgt in den Transaktionen **MM01/02/03** auf den folgenden Registerkarten:

Abbildung 1.2: Beispiel eines SAP-Hinweises für ein Simplification Item

In einem S/4HANA-Migrationsprojekt wird es zunächst Ihre Aufgabe sein zu ermitteln, welche Simplification Items für Sie relevant sind und vor welche Aufgaben Sie das jeweilige Thema stellt.

Um herauszufinden, welche Simplification Items Ihr Unternehmen betreffen, stellt Ihnen die SAP eine »Vereinfachungselementprüfung« *(Simplification Item Check)* zur Verfügung. Dabei handelt es sich um den Report */SDF/RC_START_CHECK*, den Sie (z. B. mit Transaktion *SE38*) in Ihrem bestehenden SAP-System laufen lassen können. Abbildung 1.3 zeigt den Aufruf des Reports und Abbildung 1.4 die Auflistung der Simplification Items.

Onlinetool für Simplification Items

Probieren Sie auch folgende schöne Onlinemöglichkeit aus, die Simplification Items nachzuschlagen: den *Simplification Item Catalog*. Um dieses Tool zu verwenden, benötigen Sie einen gültigen S-User. Hier sind auch die dazugehörigen SAP-Hinweise verlinkt, sodass Sie bequem navigieren können (siehe Abbildung 1.5).

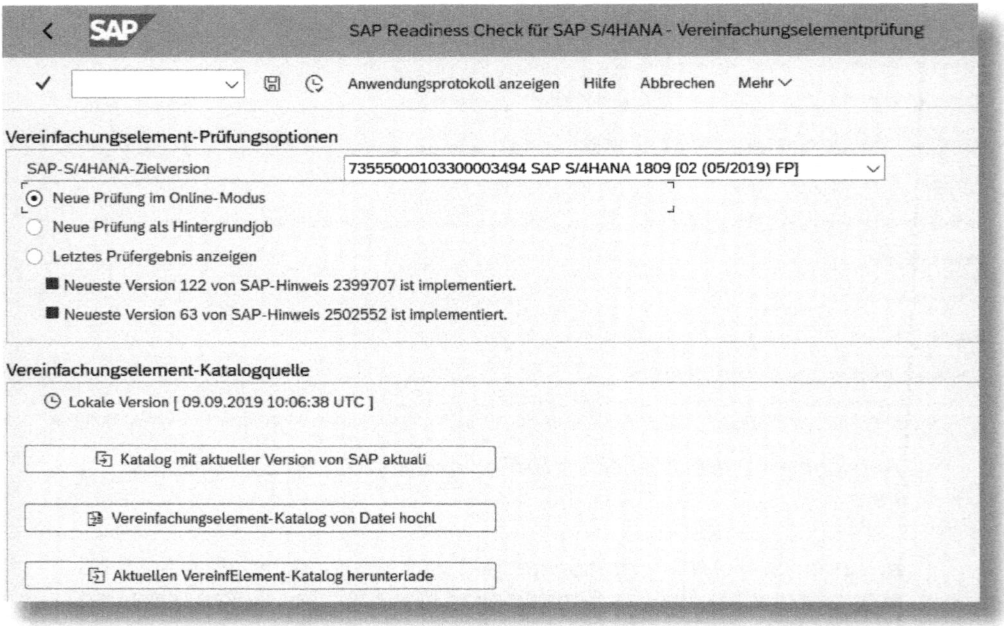

SAP Readiness Check für SAP S/4HANA - Vereinfachungselementprüfung

Anwendungsprotokoll anzeigen Hilfe Abbrechen Mehr

Vereinfachungselement-Prüfungsoptionen

SAP-S/4HANA-Zielversion: 73555000103300003494 SAP S/4HANA 1809 [02 (05/2019) FP]

- (•) Neue Prüfung im Online-Modus
- ( ) Neue Prüfung als Hintergrundjob
- ( ) Letztes Prüfergebnis anzeigen

Neueste Version 122 von SAP-Hinweis 2399707 ist implementiert.

Neueste Version 63 von SAP-Hinweis 2502552 ist implementiert.

Vereinfachungselement-Katalogquelle

Lokale Version [09.09.2019 10:06:38 UTC]

Katalog mit aktueller Version von SAP aktuali

Vereinfachungselement-Katalog von Datei hochl

Aktuellen VereinfElement-Katalog herunterlade

Abbildung 1.3: Simplification Item Check

Vereinfachungselement-Liste - SAP S/4HANA 1809 [02 (05/2019) FP]

Konsistenz für alle prüfen | Konsistenzdetails prüfen | Konsistenzprüfungprotokoll anzeigen | Ausnahme a

Anwendungsbereich	Titel	Kategorie	Relevanz	Ausnahme...	Hinweis
Master Data	S4TWL: Business partner data exchange betwee...	Change of existing functionality	▲	⊗	2285062
Financials - Treasury and Risk Mana...	S4TWL - Correspondence Functionality	Functionality unavailable (equival...	▲	⊗	2270450
Procurement	S4TWL - Co-Deployment of SAP SRM	Change of existing functionality	▲	⊗	2271166
Master Data	S4TWL - Business Partner Approach	Change of existing functionality	▲	⊗	2265093
Logistics - MM-IM	S4TWL - Document Flow Consistency for Goods ...	Change of existing functionality	▲	▲	2542099
Financials - Treasury and Risk Mana...	S4TWL - Quantity Ledger Always Active for Mon...	Change of existing functionality	▲	⊗	2270529
Industry Retail & Fashion	S4TWL - Business Partner in Site Master	Change of existing functionality	▲	⊗	2339008
Logistics - MM-IM	S4TWL - DATA MODEL IN INVENTORY MANAGE...	Change of existing functionality	▲	▲	2206980
Financials - General Ledger	S4TWL - GENERAL LEDGER	Change of existing functionality	▲	▲	2270339
Cross Topics	S4TWL - Generic Check for SAP S/4HANA Conv...	Change of existing functionality	▲	⊗	2618018
Financials - Asset Accounting	S4TWL - ASSET ACCOUNTING	Change of existing functionality	▲	⊗	2270388
Logistics - Environment, Health & Saf...	S4TWL - Occupational Health	Non-strategic-function (equivalen...	▲	▲	2267782
Logistics - PP	S4TWL - Storage Location MRP	Functionality unavailable (equival...	▲	⊗	2268045
Industry Retail & Fashion	S4TWL - Retail Information System	Functionality unavailable (equival...	▲	▲	2370131
Financials - Treasury and Risk Mana...	S4TWL - Accrual/Deferral of Expenses and Reve...	Functionality unavailable (equival...	▲	⊗	2270462
Human Resources	S4TWL - SAP Learning Solution	Functionality unavailable (equival...	▲	▲	2383837
Financials - Miscellaneous	S4TWL - Real Estate Classic	Functionality unavailable (equival...	▲	⊗	2270550

Abbildung 1.4: Liste der Simplification Items

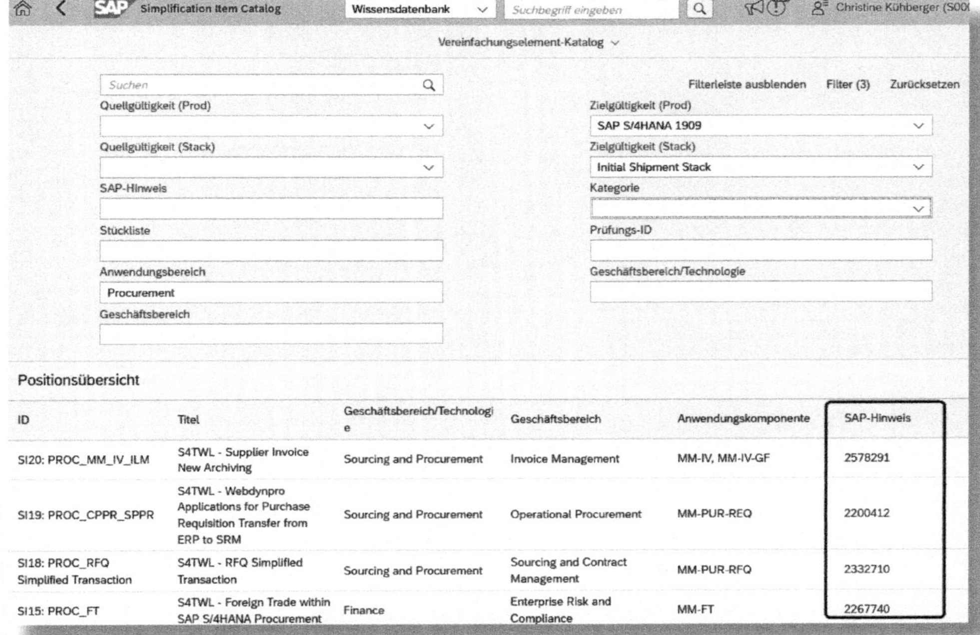

Abbildung 1.5: Simplification Item Catalog

Sie haben jetzt die wichtigsten Begriffe zum Start in die S/4HANA-Analyse und die Simplification List kennengelernt. Damit steht Ihnen das nötige Rüstzeug zur Verfügung, um sich auf die einzelnen Simplification Items stürzen! Zuerst werden wir uns hier den Stammdaten zuwenden – Geschäftspartner und Materialstamm.

2 Stammdaten

Im Bereich der Stammdaten haben sich seit der Einführung von S/4HANA nicht nur Details, sondern diverse grundlegende Konzepte geändert. Die größte Neuerung ist die verpflichtende Verwendung des *SAP-Geschäftspartners* anstelle des Lieferanten- oder Kundenstamms. Der Materialstamm gehört ebenfalls zu den Bereichen, in denen Änderungen zu verzeichnen sind. In diesem Kapitel möchte ich Ihnen einen Überblick über die wichtigsten Innovationen geben.

2.1 SAP-Geschäftspartner

Wir steigen gleich mit einem der längsten Kapitel dieses Buches ein. Es dreht sich um die wohl tiefgreifendste Neuerung in S/4HANA mit Auswirkungen auf die Materialwirtschaft: Der bisher bekannte Kunden- und Lieferantenstamm wird durch den *SAP-Geschäftspartner* (*Business Partner*, kurz: *BP*) ersetzt.

Das Thema ist ausgesprochen komplex: Das Customizing erlaubt es, zahlreiche Funktionen einzustellen, bei der Migration von Kunden- und Lieferantenstämmen sind viele Aspekte zu beachten, und die Möglichkeiten zur Gestaltung eines SAP-Geschäftspartners sind äußerst vielfältig. In diesem Buch möchte ich Ihnen lediglich einen Einstieg in das Thema bieten. Wir werden nicht alle Facetten im Detail beleuchten; zur Vertiefung möchte ich deshalb auf das »Praxishandbuch SAP-Geschäftspartner (Business Partner)« von Robin Schneider, 2020 ebenfalls bei Espresso Tutorials in der zweiten Auflage erschienen, verweisen.

Ich behandle im Folgenden diejenigen Einstellungsmöglichkeiten des Geschäftspartners, die mir besonders relevant erscheinen. Wenn Sie im Customizing stöbern, werden Sie jedoch sehen, dass noch zahlreiche weitere Optionen zur Verfügung stehen.

SAP-Hinweis zum Geschäftspartner

Der SAP-Hinweis 2265093 bietet Ihnen die zentralen Informationen zum SAP-Geschäftspartner.

Bei vielen Neuerungen in S/4HANA können Sie wählen, ob Sie sie nutzen möchten oder lieber »beim Alten bleiben«; nicht so beim SAP-Geschäftspartner: Seine Verwendung ist **unumgänglich** (zumindest gilt das für *S/4HANA On-Premise-Edition 1511*, *1610, 1709,1809* oder *1909* und höher). Und das ist auch gut so, denn das neue Konzept bietet viele Vorteile gegenüber seinem Vorgänger. An erster Stelle möchte ich hervorheben, dass Datenredundanzen vermieden werden, d. h., gewisse Daten werden nicht mehr doppelt und dreifach im System gespeichert. Damit müssen Sie diese bei eventuellen Änderungen auch nicht mehr doppelt und dreifach anpassen – wodurch eine potenzielle Fehlerquelle entfällt.

Betrachten Sie beispielsweise folgende Konstellation: Die Firma Espresso Tutorials bezieht von der Firma Papier Mustermann GmbH Papier für den Druck der Bücher. Die Papier Mustermann GmbH wird also im SAP-ECC-System von Espresso Tutorials als *Lieferant* angelegt. Nun kann es sein, dass die Papier Mustermann GmbH SAP im Einsatz hat und Bücher von Espresso Tutorials kauft. Dies bedeutet wiederum, dass sie auch als *Kunde* bei Espresso Tutorials angelegt wird. Dieselbe Organisation ist somit im SAP-ECC-System einerseits als Kunden- und andererseits auch als Lieferantenstamm gespeichert.

Im *allgemeinen* Teil dieser Stammdaten sind jeweils Postanschrift, Telefonnummer(n) und E-Mail-Adresse(n) hinterlegt. Sollte die Papier Mustermann GmbH umziehen, muss in beiden Stammsätzen die Adresse geändert werden. Gleiches gilt etwa für *Ansprechpartner* mit jeweils eigenen Adressdaten. Auch diese müssen ggf. in beiden Stammsätzen angepasst werden. Dass bei diesen redundanten Anpassungen unnötige Arbeit anfällt und leicht Fehler passieren können, ist ziemlich ersichtlich, oder? Genau hier setzt die Grundidee des SAP-Geschäftspartners an.

Unter S/4HANA würden Sie nun nicht mehr getrennte Kunden- und Lieferantenstämme anlegen, sondern **einen** einzigen zentralen Stammdatensatz, also **einen** SAP-Geschäftspartner mit einmalig hinterlegten Adressdaten. Wenn sich an diesen etwas ändert, etwa infolge des angesprochenen Umzugs, müssen die Daten nur noch an einer Stelle im System angepasst werden.

Nun benötigen Sie allerdings für einen Kunden andere Informationen zu den relevanten Prozessen als bei einem Lieferanten.

Für einen Kunden werden Sie beispielsweise folgende Dinge wissen wollen:

- Von welchem Werk möchte der Kunde beliefert werden?
- Von welchem Verkaufsbüro wird der Kunde betreut?
- Welche Preisliste ist für diesen Kunden relevant?
- Wie soll Ware an diesen Kunden versandt werden?

Beim Lieferanten hingegen sind unter anderem die folgenden Informationen von Bedeutung:

- In welcher Währung bestellen Sie bei dem Lieferanten?
- Gibt es einen Mindestbestellwert?
- Erwarten Sie von diesem Lieferanten eine Auftragsbestätigung?
- Was sind die vereinbarten Incoterms?

Wenn also in Zukunft nur noch ein einziger Stammdatensatz existiert, wie wird das System dann den unterschiedlichen Sichtweisen der einzelnen Abteilungen auf diesen Stammsatz gerecht? Hierfür verwendet SAP das Konzept der *Rollen*. Aber eines nach dem anderen – lassen Sie uns einsteigen und uns einen SAP-Geschäftspartner im System anschauen. Dabei befassen wir uns auch damit, wie das mit den Rollen bei einem einfachen Stammsatz funktioniert.

2.1.1 Einstieg: Wie sieht ein SAP-Geschäftspartner aus?

Um einen SAP-Geschäftspartner zu bearbeiten, nutzen Sie die zentrale Transaktion *BP*.

Was wird aus den bisherigen Transaktionen zu Kunden- und Lieferantenstammdaten?

Die bekannten Transaktionen zum Bearbeiten von Kunden- und Lieferantenstammdaten (z. B. *XK01–XK03, MK01–MK03, XD01–XD03)* können Sie weiterhin in S/4HANA ausführen. Es kommt also keine Fehlermeldung, sondern Sie werden automatisch zur Transaktion *BP* umgeleitet. Einige Transaktionen sind obsolet geworden (z. B. die Transaktionen *FD06* und *FK06* zum Setzen von Löschvormerkungen).

Wie der Einstieg zum SAP-Geschäftspartner unter S/4HANA aussieht, zeigt Abbildung 2.1.

Das Startbild müsste Ihnen eigentlich recht vertraut sein: Die meisten Datenfelder und Reiter kennen Sie aus den »Allgemeinen Daten« im Kunden- bzw. Lieferantenstamm. Hier finden Sie auch die zentralen Adressdaten.

Jeder SAP-Geschäftspartner hat eine eindeutige Nummer. Diese ist in Abbildung 2.1 oben im Feld GESCHÄFTSPARTNER zu sehen – im gezeigten Beispiel die Nummer *1000330*. Diese Nummer wollen wir im Folgenden als *Geschäftspartnernummer* bezeichnen. Weiter oben hatte ich bereits kurz erwähnt, dass zum SAP-Geschäftspartner das Konzept der »Rollen« entwickelt wurde. Es bildet die unterschiedlichen Blickwinkel der einzelnen SAP-Module ab. So existieren Rollen für den Einkauf – die »Lieferantensicht« auf den SAP-Geschäftspartner – und Rollen für den Vertrieb – die »Kundensicht« auf den SAP-Geschäftspartner. Zusätzlich gilt nach wie vor das Konzept, die Ausprägungen dieser Sichten für unterschiedliche Organisationseinheiten vorzunehmen, wie Sie sie aus dem Kunden- bzw. Lieferantenstamm von SAP ECC kennen. Die Einkaufssicht können Sie nach wie vor für verschiedene Einkaufsorganisationen pflegen und die Buchungskreissicht nach wie vor für mehrere Buchungskreise.

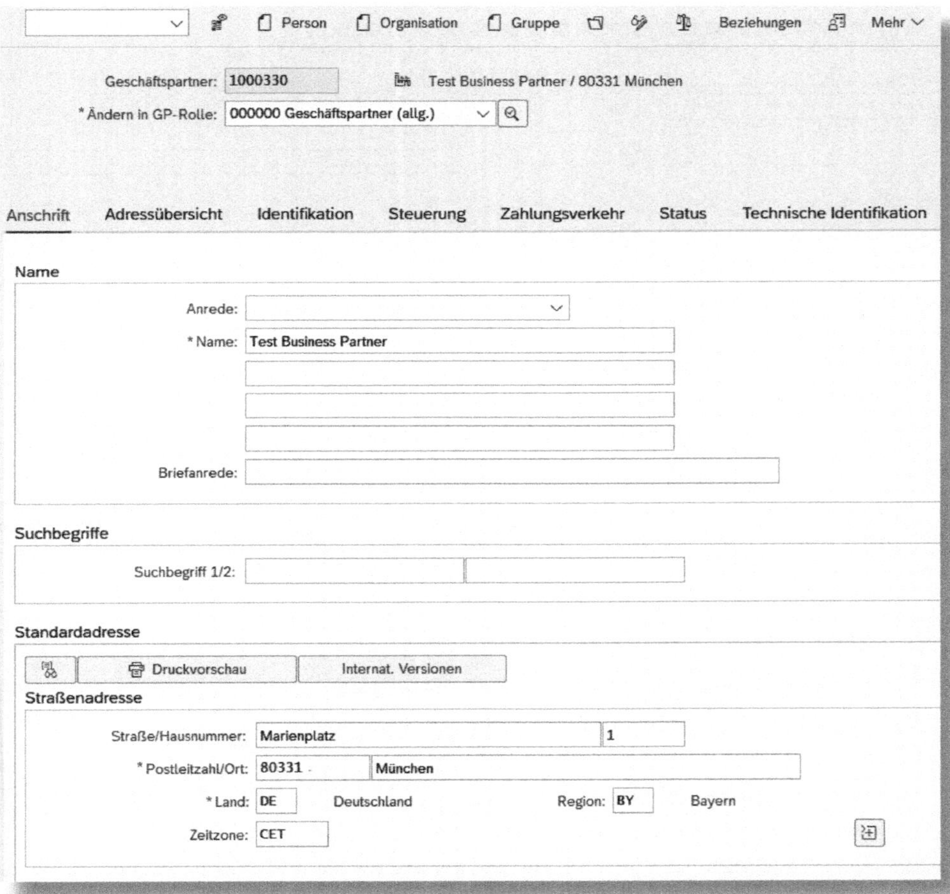

Abbildung 2.1: Anzeige eines SAP-Geschäftspartners mit Transaktion »BP«

In Abbildung 2.1 sehen Sie die Daten zur Rolle *000000 Geschäftspartner (allg.)*; diese ist im Feld ÄNDERN IN GP-ROLLE ausgewählt (direkt unterhalb der Geschäftspartnernummer). Diese Rolle beinhaltet Informationen, die unternehmensweit für alle Abteilungen zur Verfügung stehen (insbesondere Daten zu Adresse, Bankverbindung etc.).

In Abbildung 2.2 ist die Rolle *FLVN01 Lieferant* ausgewählt. Sie bietet im rechten Bereich einige neue Reiter, in denen einkaufsspezifische allgemeine Daten aus dem Lieferantenstamm zu finden sind. Diese Daten sind für alle Einkaufsorganisationen identisch.

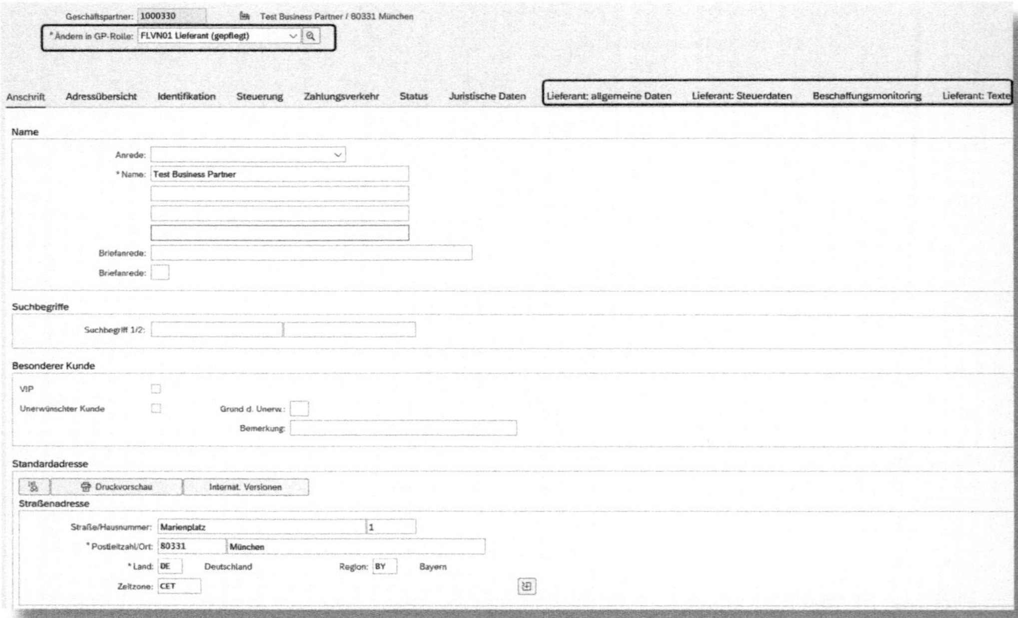

Abbildung 2.2: Anzeige der Rolle »FLVN01 Lieferant«

Durch Auswahl der Rolle *FLVN01* ist zusätzlich zu den Reitern in Abbildung 2.2 der Button EINKAUF erschienen, über den ein Absprung in die Einkaufsdaten für verschiedene Einkaufsorganisationen möglich ist (siehe Abbildung 2.3).

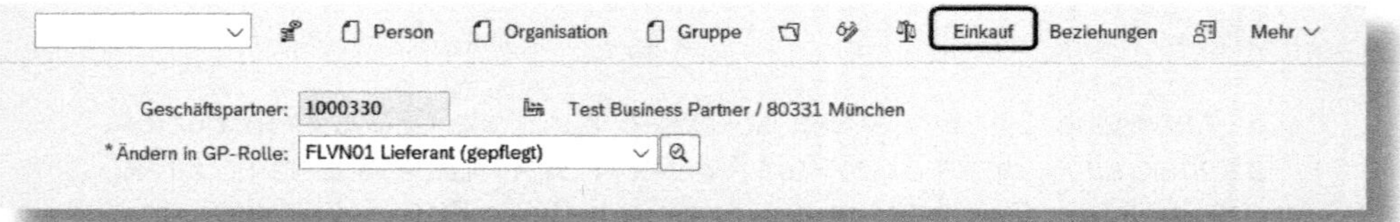

Abbildung 2.3: Button »Einkauf« zum Verzweigen in die Einkaufsdaten

Mit Klick auf diesen Button erscheint die in Abbildung 2.4 gezeigte Ansicht mit den Einkaufsdaten für die EINKAUFSORGANISATION *1010*.

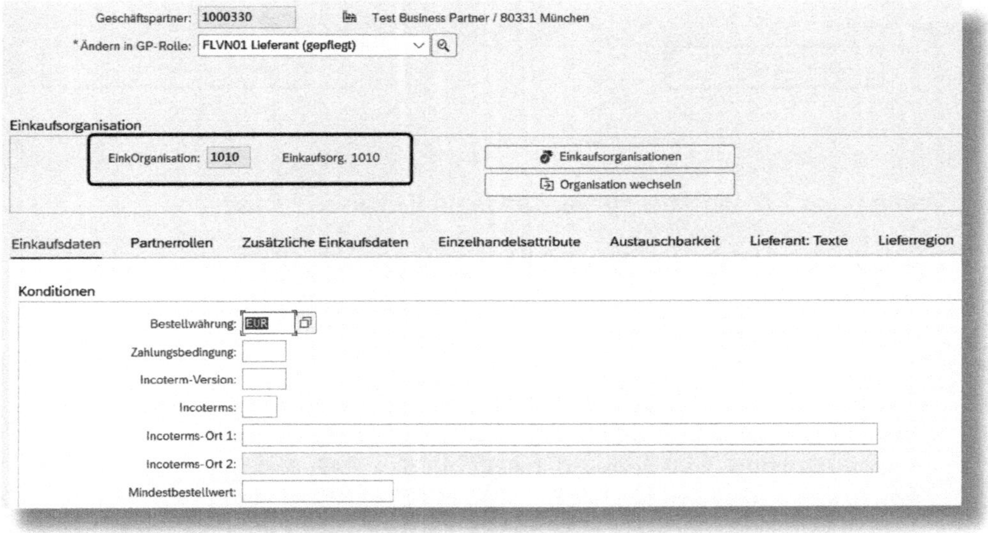

Abbildung 2.4: Einkaufsdaten für die Einkaufsorganisation 1010

Die gezeigten Felder und Reiter kommen Ihnen sicherlich bekannt vor; es sind im Wesentlichen Informationen, die im Lieferantenstamm unter den Einkaufsdaten zu finden waren.

Über den Button [Einkaufsorganisationen] können Sie aufrufen, für welche Einkaufsorganisationen bereits Daten gepflegt sind (siehe Abbildung 2.5).

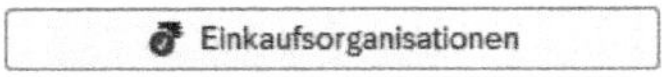

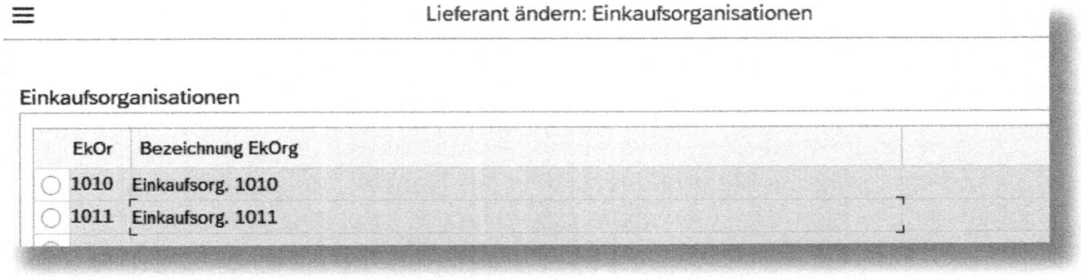

Abbildung 2.5: Einkaufsorganisationen mit gepflegten Daten

Wenn Sie auf [Organisation wechseln] klicken, wird das nebenstehende Feld EinkOrganisation editierbar (siehe Abbildung 2.6).

Abbildung 2.6: Wechsel zu einer anderen Einkaufsorganisation

Indem Sie die Nummer der Einkaufsorganisation eingeben und mit [Return] bestätigen, verzweigen Sie in die Einkaufsdaten für eine andere Einkaufsorganisation.

Analog zur Rolle *FLVN01 Lieferant* existieren weitere Rollen, die eigene Funktionalitäten »im Bauch haben«. Als Beispiel sei die Rolle *FLCU01 Kunde* genannt, die eine Kundensicht auf den SAP-Geschäftspartner ermöglicht: Es erscheinen Reiter, die kundenspezifische Informationen enthalten, sowie der Button Vertrieb. Über ihn verzweigen Sie in die Daten, die je Vertriebsbereich gepflegt werden (analog zu den oben gezeigten Screenshots für die Rolle FLVN01 Lieferant).

Nachdem Sie nun einen ersten Eindruck davon bekommen haben, wie ein SAP-Geschäftspartner aussieht und womit wir es überhaupt zu tun haben, wollen wir im nächsten Abschnitt ins Detail gehen.

2.1.2 Details zur Handhabung der Transaktion »BP«

Die Transaktion *BP* ist sehr flexibel und bietet eine Reihe unterschiedlicher Funktionalitäten an, die früher auf verschiedene Transaktionen aufgeteilt waren. Sie können mit ihr einen SAP-Geschäftspartner anzeigen, ändern oder neu anlegen. In den Einstellungen geben Sie an, in welchem Modus Sie grundsätzlich in die Transaktion einsteigen wollen: ob Sie sich den Geschäftspartner jeweils nur anzeigen lassen, ob sofort der Änderungsmodus aktiviert wird oder die zuletzt gewählte Einstellung auch beim nächsten Aufruf maßgebend sein soll (siehe Abbildung 2.7). Die EINSTELLUNGEN finden Sie in der Transaktion *BP* unter dem Pfad MEHR • ZUSÄTZE • EINSTELLUNGEN.

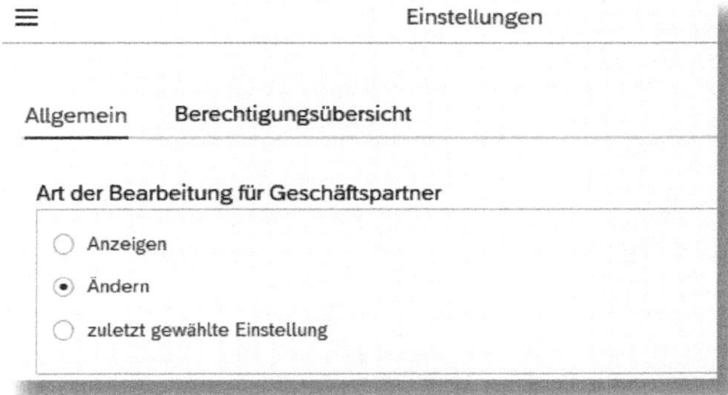

Abbildung 2.7: Einstellungen zum Einstieg in die Transaktion »BP«

Wenn Sie die Transaktion *BP* aufrufen, sehen Sie zunächst entweder den in Abbildung 2.8 oder den in Abbildung 2.9 gezeigten Einstiegsscreen. Sie können über den Button LOCATOR EIN/AUS zwischen den beiden Varianten wechseln. Der Einfachheit halber beschäftigen wir uns erst einmal mit Variante 2.

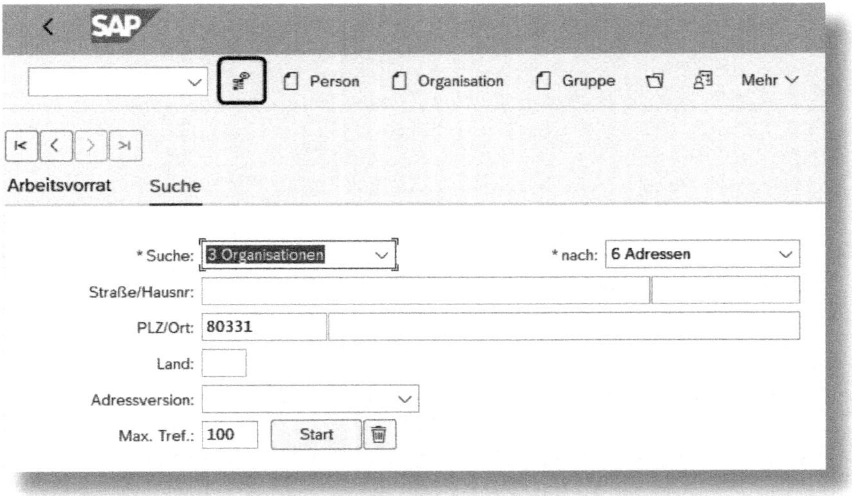

Abbildung 2.8: Einstiegsbild Transaktion »BP« – Variante 1

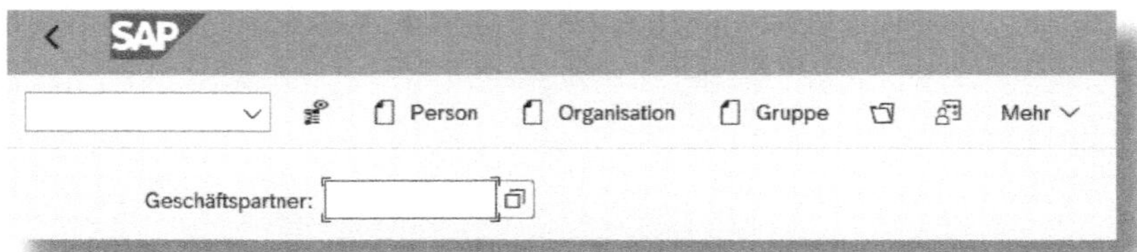

Abbildung 2.9: Einstiegsbild Transaktion »BP« – Variante 2

Sie können nun für den Geschäftspartner zwischen den drei bekannten Funktionalitäten Anlegen, Anzeigen und Ändern wählen:

1. **Anlage** eines neuen Geschäftspartners: Klicken Sie auf einen der Buttons Person Organisation Gruppe. Warum hier drei verschiedene Buttons zur Verfügung gestellt werden, erkläre ich im nächsten Abschnitt.
2. **Änderung** oder **Anzeige** eines bestehenden Geschäftspartners: Hierzu müssen Sie erst den gewünschten Geschäftspartner öffnen (ggf. mit der Suchhilfe auswählen) und mit `Return` bestätigen. Sobald der Geschäftspartner geöffnet ist, sind die Felder editierbar oder auch nicht, je nachdem, welche Einstellung Sie für die Transaktion gewählt haben (siehe Abbildung 2.7). Sie können über den in Abbildung 2.10 markierten Button zwischen Anzeige- und Änderungsmodus wechseln.

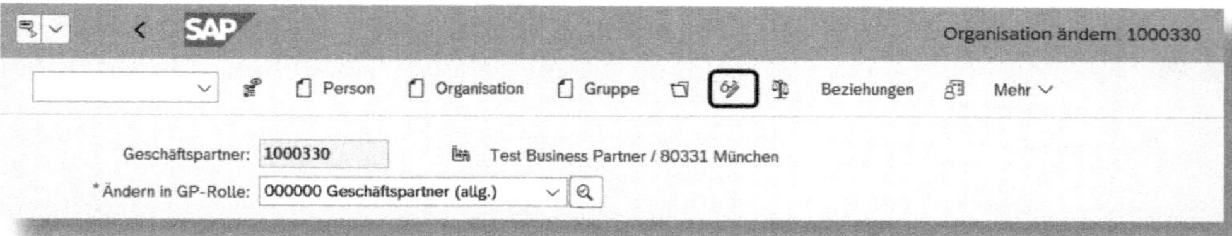

Abbildung 2.10: Wechsel zwischen Anzeige- und Änderungsmodus

2.1.3 Anlegen eines neuen SAP-Geschäftspartners

In diesem Abschnitt wollen wir uns anschauen, wie man einen neuen SAP-Geschäftspartner anlegt. Sie haben gerade gesehen, dass es drei Buttons zum Anlegen von Geschäftspartnern gibt: Person Organisation Gruppe.

Das liegt daran, dass SAP drei Kategorien von Geschäftspartnern vorsieht, sogenannte *Geschäftspartnertypen*:

- *Person*: Hierbei handelt es sich um eine natürliche Person bzw. Privatperson.
- *Organisation*: Damit ist eine juristische Person oder ein Teil einer juristischen Person gemeint, z. B. eine Firma oder eine Abteilung.
- *Gruppe*: Beispiele für eine Gruppe könnten sein: Wohngemeinschaft, Ehepaar, Betriebsrat.

Der Geschäftspartnertyp steuert, welche Felder zur Verfügung stehen. Beispielsweise können Sie bei einer Organisation im Reiter IDENTIFIKATION das Feld RECHTSFORM ausfüllen und bei einer Person nicht – dort finden Sie dann etwa das Feld FAMILIENSTAND. Einen beim Anlegen einmal gewählten Geschäftspartnertyp können Sie nachträglich nicht mehr ändern. Es ist von SAP auch nicht vorgesehen, im Customizing weitere Geschäftspartnertypen außer Person, Organisation und Gruppe zu definieren.

Beim Bearbeiten eines Geschäftspartners in der Transaktion *BP* sehen Sie rechts neben der Geschäftspartnernummer, um welchen Geschäftspartnertyp es sich jeweils handelt.

- Symbol für Person:
- Symbol für Organisation:
- Symbol für Gruppe:

Sie müssen sich beim Anlegen eines Geschäftspartners also gleich zu Beginn überlegen, welcher Geschäftspartnertyp der passende ist, und dann auf den entsprechenden Button klicken.

Wenden wir uns wieder dem erwähnten Beispiel der Firma Papier Mustermann GmbH zu. Diese Firma soll Lieferant für die Firma Espresso Tutorials sein, also wollen wir sie als Geschäftspartner im System anlegen. Bei der Firma Papier Mustermann GmbH handelt es sich eindeutig um eine Organisation. Sie klicken also auf den Button Organisation.

Zunächst wollen wir uns mit den Feldern im oberen Bereich befassen (siehe Abbildung 2.11).

Abbildung 2.11: Einstieg in die Anlage eines SAP-Geschäftspartners

Im Feld Anlegen in GP-Rolle ist bereits die Rolle *000000 Geschäftspartner (allg.)* vorgeschlagen. Details zum Rollenkonzept erläutere ich im nächsten Abschnitt, aber so viel vorweg:

Rolle 000000 Geschäftspartner (allg.)

Es empfiehlt sich, bei jedem neuen Geschäftspartner mit dieser Rolle einzusteigen. Sie enthält beispielsweise die allgemeinen Adressdaten und die Möglichkeit, Bankverbindungen zu hinterlegen. Weitere Rollen können Sie nachträglich zuordnen.

Das Feld Gruppierung wollen wir genauer betrachten. Die Gruppierung bestimmt den *Nummernkreis* des Geschäftspartners. Der Nummernkreis für das Objekt, das Sie anlegen wollen, hängt also beim SAP-Geschäftspartner nicht an einer *Kontengruppe* oder Ähnlichem, wie Sie es vom Kunden- bzw. Lieferantenstamm aus SAP ECC kennen. Sie können deshalb bei jedem Geschäftspartner, den Sie anlegen, neu und flexibel entscheiden, ob die Nummernvergabe intern oder extern sein soll und welcher Nummernkreis geeignet ist. Die Festlegung eines Nummernkreises und die Nummernvergabe sind damit abgekoppelt von anderen Funktionalitäten.

Im Customizing finden sich die Einstellungen zur *Gruppierung* unter dem Pfad SPRO • ANWENDUNGSÜBERGREIFENDE KOMPONENTEN • SAP-GESCHÄFTSPARTNER • GESCHÄFTSPARTNER • GRUNDEINSTELLUNGEN • NUMMERNKREISE UND GRUPPIERUNGEN. Hier können Sie zunächst Nummernkreise definieren und festlegen, ob eine interne oder externe Nummernvergabe stattfinden soll – das kennen Sie sicherlich aus SAP ECC (siehe Abbildung 2.12).

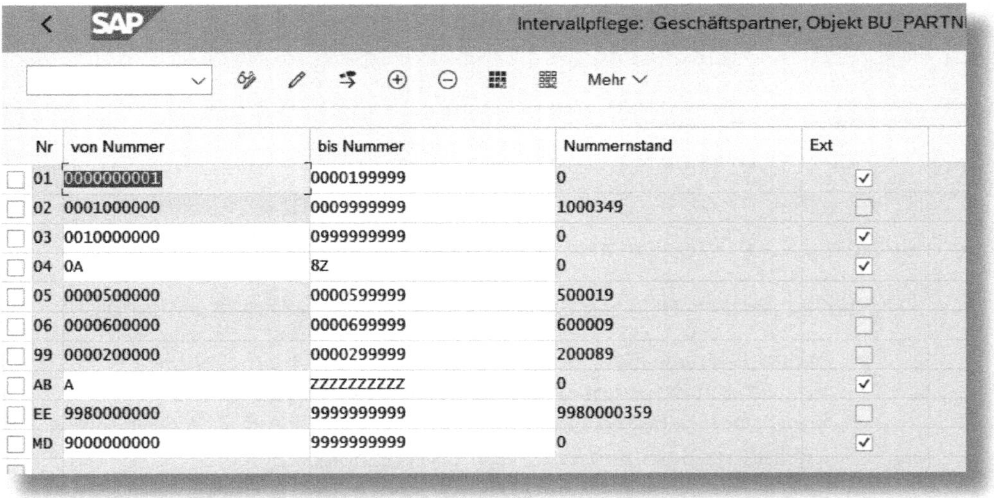

SAP Intervallpflege: Geschäftspartner, Objekt BU_PARTN

Mehr

Nr	von Nummer	bis Nummer	Nummernstand	Ext
01	0000000001	0000199999	0	☑
02	0001000000	0009999999	1000349	☐
03	0010000000	0999999999	0	☑
04	0A	8Z	0	☑
05	0000500000	0000599999	500019	☐
06	0000600000	0000699999	600009	☐
99	0000200000	0000299999	200089	☐
AB	A	ZZZZZZZZZZ	0	☑
EE	9980000000	9999999999	9980000359	☐
MD	9000000000	9999999999	0	☑

Abbildung 2.12: Definition von Nummernkreisen

Anschließend können Sie im Customizing-Punkt GRUPPIERUNGEN DEFINIEREN UND NUMMERNKREISEN ZUORDNEN die Gruppierungen festlegen und diesen Gruppierungen jeweils einem Nummernkreis zuordnen (siehe Abbildung 2.13). Außerdem legen Sie hier fest, ob die Gruppierung beim Anlegen eines Geschäftspartners mit der Transaktion *BP* in der F4-Hilfe angeboten wird oder nicht (Spalte AUSBLENDEN). Wenn der zugeordnete Nummernkreis z. B. für die automatische Anlage von

Geschäftspartnern über eine Schnittstelle reserviert ist, sollten Sie sich für AUSBLENDEN entscheiden, sodass die Gruppierung nicht in der Transaktion *BP* angeboten wird.

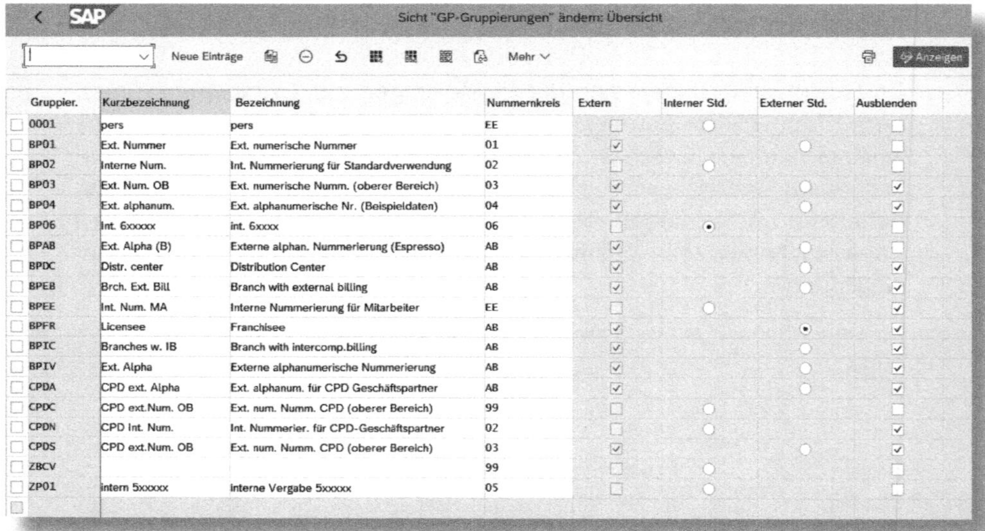

Sicht "GP-Gruppierungen" ändern: Übersicht

Neue Einträge Mehr Anzeigen

Gruppier.	Kurzbezeichnung	Bezeichnung	Nummernkreis	Extern	Interner Std.	Externer Std.	Ausblenden
0001	pers	pers	EE	☐	○		☐
BP01	Ext. Nummer	Ext. numerische Nummer	01	☑		○	☐
BP02	Interne Num.	Int. Nummerierung für Standardverwendung	02	☐	○		☐
BP03	Ext. Num. OB	Ext. numerische Numm. (oberer Bereich)	03	☑		○	☑
BP04	Ext. alphanum.	Ext. alphanumerische Nr. (Beispieldaten)	04	☑		○	☑
BP06	Int. 6xxxxx	int. 6xxxx	06	☐	◉		☐
BPAB	Ext. Alpha (B)	Externe alphan. Nummerierung (Espresso)	AB	☑		○	☐
BPDC	Distr. center	Distribution Center	AB	☑		○	☑
BPEB	Brch. Ext. Bill	Branch with external billing	AB	☑		○	☑
BPEE	Int. Num. MA	Interne Nummerierung für Mitarbeiter	EE	☐	○		☑
BPFR	Licensee	Franchisee	AB	☑		◉	☑
BPIC	Branches w. IB	Branch with intercomp.billing	AB	☑		○	☑
BPIV	Ext. Alpha	Externe alphanumerische Nummerierung	AB	☑		○	☑
CPDA	CPD ext. Alpha	Ext. alphanum. für CPD Geschäftspartner	AB	☑		○	☑
CPDC	CPD ext.Num. OB	Ext. num. Numm. CPD (oberer Bereich)	99	☐	○		☐
CPDN	CPD Int. Num.	Int. Nummerier. für CPD-Geschäftspartner	02	☐	○		☑
CPDS	CPD ext.Num. OB	Ext. num. Numm. CPD (oberer Bereich)	03	☑		○	☑
ZBCV			99	☐	○		☐
ZP01	intern 5xxxxx	interne Vergabe 5xxxxx	05	☐	○		☐

Abbildung 2.13: Gruppierungen anlegen und Nummernkreise zuordnen

Die Spalten INTERNER STD. und EXTERNER STD. haben folgende Bedeutung:

- Wenn INTERNER STD. ausgewählt ist und Sie beim Anlegen eines Geschäftspartners weder eine Geschäftspartnernummer vorgeben noch eine Gruppierung auswählen, wird automatisch die interne Standardgruppierung verwendet.
- Wenn EXTERNER STD. ausgewählt ist und Sie beim Anlegen eines Geschäftspartners selbst eine Geschäftspartnernummer vorgeben, aber keine Gruppierung auswählen, wird automatisch die externe Standardgruppierung verwendet.

Nun sind nur noch die Pflichtfelder zu füllen (z. B. der Name), dann können Sie den Geschäftspartner bereits sichern. Es erscheint folgende Meldung: Geschäftspartner 1000420 wurde angelegt.

Schon haben Sie Ihren ersten SAP-Geschäftspartner angelegt.

2.1.4 Rollenkonzept des SAP-Geschäftspartners

Die Flexibilität des SAP-Geschäftspartners besteht darin, dass Sie ihm verschiedene Rollen zuordnen können. Beispielsweise kann ein Geschäftspartner die Rolle eines Kunden, eines Lieferanten, eines Mitarbeiters oder eines Sachbearbeiters haben. Dabei können einem Geschäftspartner mehrere Rollen zugeordnet werden. Der SAP-Standard liefert zahlreiche Rollen mit. Hier einige Beispiele:

- 000000 Geschäftspartner (allg.)
- BBP000 Lieferant
- BBP001 Bieter
- BBP003 Werk
- BBP004 Einkaufende Firma
- BBP005 Leistungserbringer
- BBP006 Rechnungssteller
- BBP010 Freiberufler
- BKK010 Kontoinhaber
- BKK200 Kontoführer
- BUP001 Ansprechpartner
- BUP003 Mitarbeiter
- BUP004 Organisationseinheit
- CLERK1 Erster Sachbearbeiter
- CLERK2 Zweiter Sachbearbeiter
- CRM000 Auftraggeber
- CRM002 Warenempfänger
- CRM003 Regulierer
- CRM004 Rechnungsempfänger
- FLCU00 Kunde (Finanzbuchhaltung)
- FLCU01 Kunde
- FLVN00 Lieferant (Finanzbuchhalter)

- FLVN01 Lieferant
- VLC001 Endkunde

Eine neue Rolle können Sie einem SAP-Geschäftspartner zuordnen, indem Sie in der Transaktion *BP* im Änderungsmodus den Geschäftspartner aufrufen. Sie wählen im Feld ÄNDERN IN GP-ROLLE die Rolle aus, die Sie hinzufügen wollen. Hinter dem Rollennamen erscheint der Zusatz »(neu)« (siehe Abbildung 2.14).

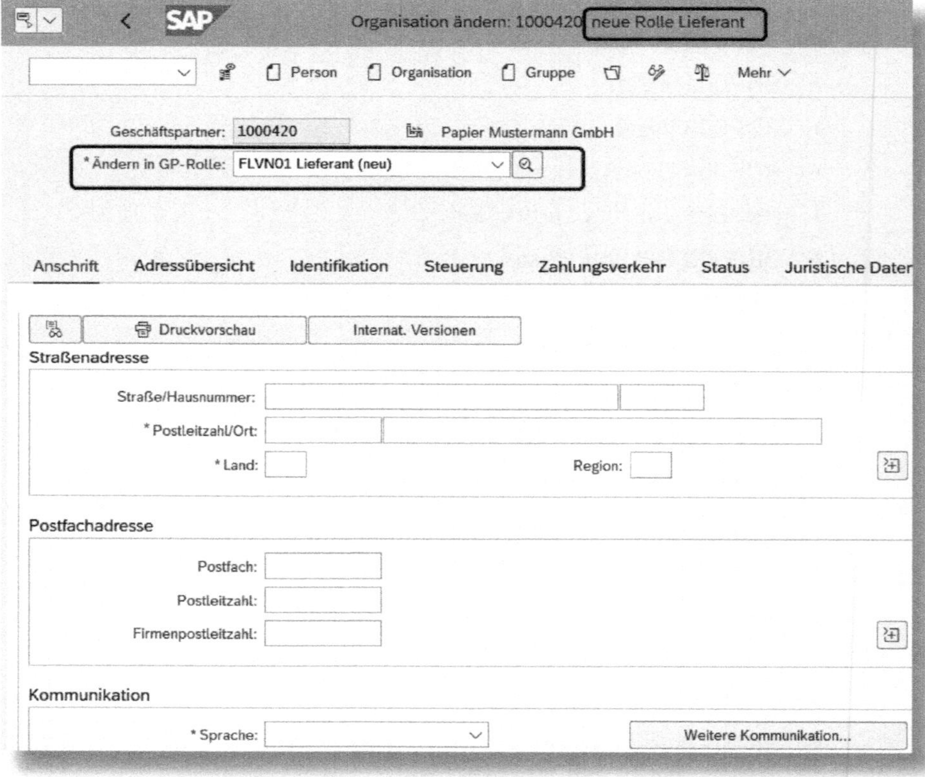

Abbildung 2.14: Hinzufügen einer Rolle in der Transaktion »BP«

Allein durch Auswahl der Rolle im Feld ÄNDERN IN GP-ROLLE beginnt das Anlegen der neuen Rolle. Es werden zusätzliche Reiter sichtbar. Außerdem werden bestimmte Felder zu Pflichtfeldern, die vorher, als nur die Rolle *000000 Geschäftspartner (allg.)* angelegt war, noch optional waren; beispielsweise SPRACHE und LAND. Durch Klick auf den Button Sichern rechts unten im Screenshot wird die Rolle angelegt.

Wenn Sie den Geschäftspartner im Anzeigemodus aufrufen, sind im Drop-down-Menü des Feldes ÄNDERN IN GP-ROLLE nur die angelegten Rollen verfügbar (siehe Abbildung 2.15). Im Änderungsmodus sind alle denkbaren Rollen auswählbar, allerdings wird hinter den bereits angelegten Rollen der Zusatz (GEPFLEGT) ergänzt (siehe Abbildung 2.16). So können Sie den Überblick behalten, welche Rollen zu einem Geschäftspartner bereits gepflegt sind.

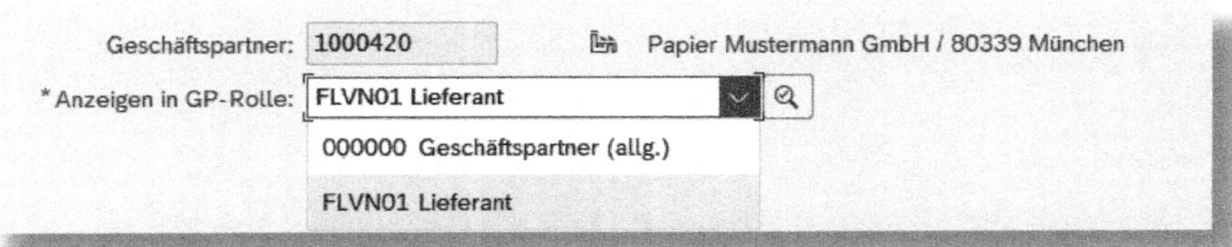

Abbildung 2.15: Verfügbare Rollen im Anzeigemodus

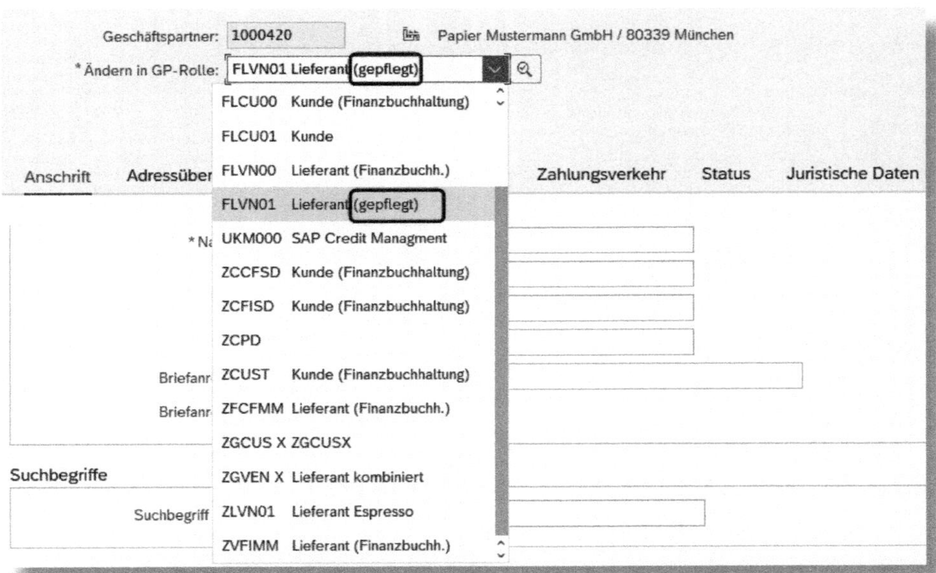

Abbildung 2.16: Rollen im Drop-down-Menü im Änderungsmodus

Sie können im Customizing unter SPRO • ANWENDUNGSÜBERGREIFENDE KOMPONENTEN • SAP-GESCHÄFTSPARTNER • GESCHÄFTSPARTNER • GRUNDEINSTELLUNGEN • GESCHÄFTSPARTNERROLLEN • GP-ROLLEN DEFINIEREN eigene Rollen definieren (siehe Abbildung 2.17).

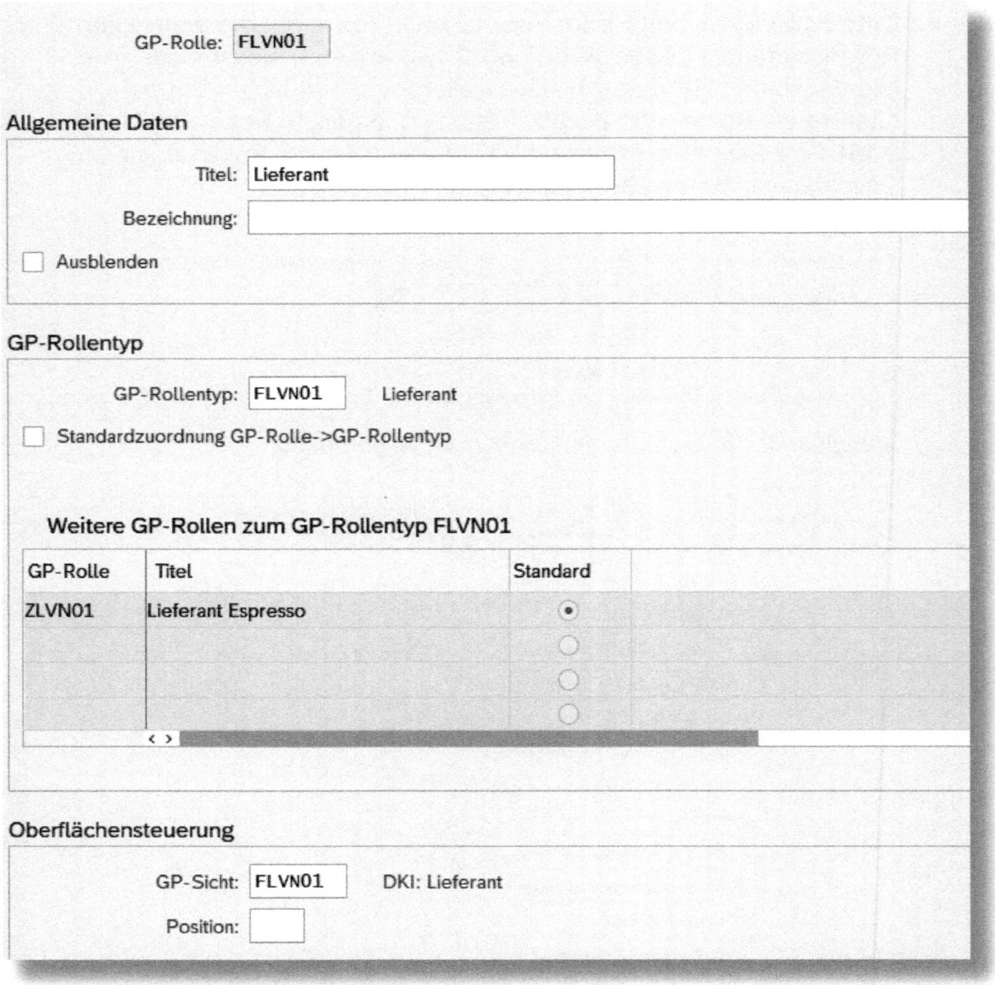

Abbildung 2.17: Rollen-Customizing

Hier haben Sie auch die Möglichkeit, einzelne Rollen, die Sie in Ihrem System nicht benötigen, auszublenden (Checkbox AUSBLENDEN). Außerdem können Sie über das Feld GP-SICHT ebenjene festlegen, die dann die Bildsteuerung der Rolle bestimmt, also beispielsweise die angezeigten Felder. Das Feld POSITION gibt vor, an welcher Stelle in der Drop-down-Liste der Transaktion *BP* die Rolle angeboten wird. Die Drop-down-Liste bietet zunächst die Rollen mit einer zugeordneten Position an und danach alphabetisch sortiert die übrigen Rollen.

Außerdem sehen Sie das Feld GP-ROLLENTYP.

An diesem Punkt möchte ich etwas ausholen. Das ist ja ein regelrechtes Wirrwarr von Begriffen und Customizing-Einstellungen rund um die Rollen (siehe Abbildung 2.18)! Hinter dem Customizing-Punkt GP-ROLLEN DEFINIEREN verbirgt sich zusätzlich das Customizing zum *Rollentyp*, und hinter dem Customizing-Punkt GP-ROLLENGRUPPIERUNGEN DEFINIEREN stecken nicht nur *Rollengruppierungen*, sondern auch noch *Rollengruppierungstypen* – da kann man schon mal den Überblick verlieren.

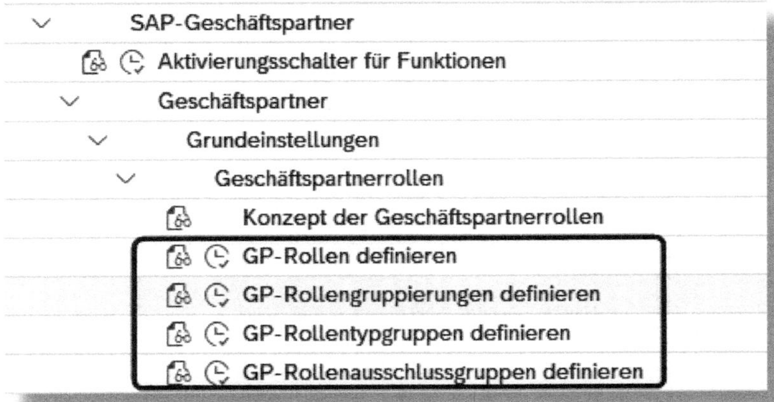

Abbildung 2.18: Begriffe rund um Rollen

Aus diesem Grund erkläre ich nachfolgend die verschiedenen Begriffe und ihre Bedeutung.

Rollentyp

Mit dem Rollentyp können Sie Rollen zu folgenden Zwecken gruppieren:

- Die Programmierung gegen Rollen erfolgt auf Basis des Rollentyps.
- Die Feldsteuerung (welche Felder sind sichtbar, eingabebereit, änderbar?) erfolgt auf Ebene des Rollentyps (siehe Abschnitt 2.1.6).

Außerdem steuert die Zuordnung des Rollentyps zur Rolle die Fortschreibung der Tabelle BUT100.

Im Customizing stellen Sie das über folgenden Pfad ein: SPRO • ANWENDUNGSÜBERGREIFENDE KOMPONENTEN • SAP-GESCHÄFTSPARTNER • GESCHÄFTSPARTNER • GRUNDEINSTELLUNGEN • GESCHÄFTSPARTNERROLLEN • GP-ROLLEN DEFINIEREN • GP-ROLLENTYPEN (siehe Abbildung 2.19).

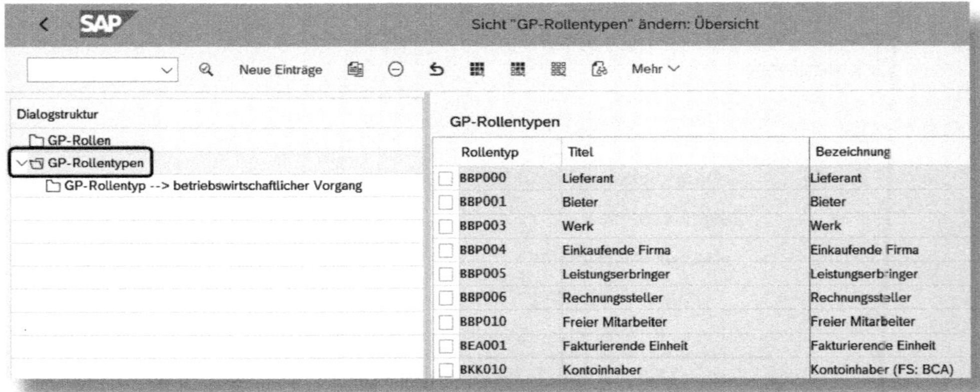

Abbildung 2.19: Customizing von Rollentypen

Rollengruppierung

Sie können einem SAP-Geschäftspartner nicht nur einzelne Rollen, sondern auch eine Rollengruppierung zuweisen. Damit hat der SAP-Geschäftspartner automatisch die Sichten aller in der Rollengruppierung enthaltenen Rollen. Beispiel: Wenn es eine Rolle für die Buchhaltungssicht des Lieferanten gibt (Standardrolle FLVN00) und eine für die Einkaufssicht (Standardrolle FLVN01), können Sie eine Rollengruppierung anlegen, die beide Rollen enthält (siehe Abbildung 2.20). Die neue Rollengruppierung wird dann wie eine Rolle im Drop-down-Menü der Transaktion *BP* angeboten (siehe Abbildung 2.21). Das »X« hinter dem Kürzel ZGVEN zeigt an, dass es sich um eine Rollengruppierung und nicht um eine einfache Rolle handelt.

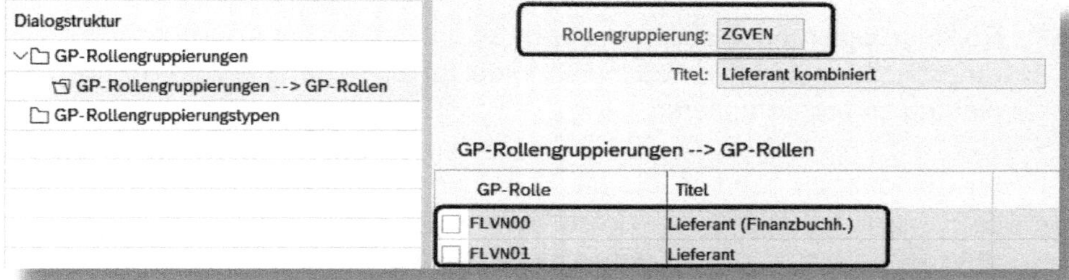

Abbildung 2.20: Customizing der Rollengruppierung

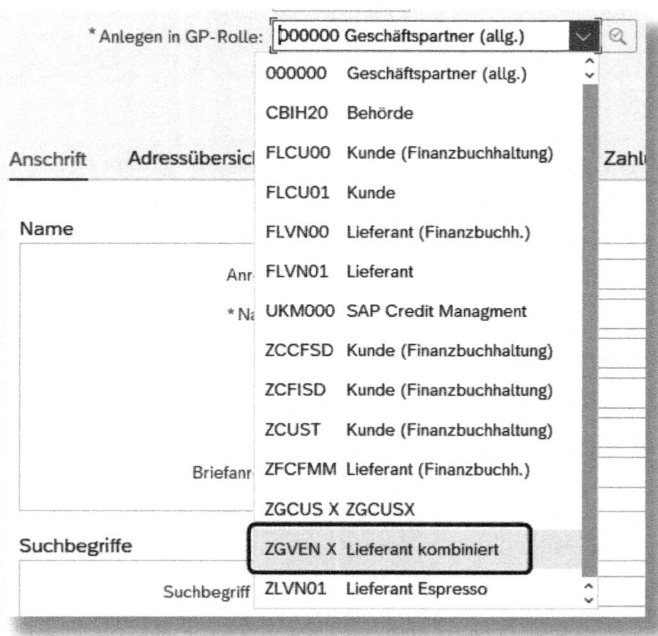

Abbildung 2.21: Rollengruppierung in der Transaktion »BP«

Im Customizing stellen Sie das über folgenden Pfad ein: SPRO • ANWENDUNGSÜBERGREIFENDE KOMPONENTEN • SAP-GESCHÄFTSPARTNER • GESCHÄFTSPARTNER • GRUNDEINSTELLUNGEN • GESCHÄFTSPARTNERROLLEN • GP-ROLLENGRUPPIERUNGEN DEFINIEREN • GP-ROLLENGRUPPIERUNGEN.

Rollengruppierungstyp

Rollengruppierungen sollen (müssen aber nicht) einem Rollengruppierungstyp zugeordnet werden, wenn geplant ist, gegen die Rollengruppierung zu programmieren.

Im Customizing nehmen Sie die Zuordnung über folgenden Pfad vor: SPRO • ANWENDUNGSÜBERGREIFENDE KOMPONENTEN • SAP-GESCHÄFTSPARTNER • GESCHÄFTSPARTNER • GRUNDEINSTELLUNGEN • GESCHÄFTSPARTNERROLLEN • GP-ROLLENGRUPPIERUNGEN DEFINIEREN • GP-ROLLENGRUPPIERUNGSTYPEN.

Rollentypgruppen

Die Rollentypgruppen werden im Kontext der Geschäftspartnerbeziehungen verwendet (siehe Abschnitt 2.1.8).

Im Customizing stellen Sie das über folgenden Pfad ein: SPRO • ANWENDUNGSÜBERGREIFENDE KOMPONENTEN • SAP-GESCHÄFTSPARTNER • GESCHÄFTSPARTNER • GRUNDEINSTELLUNGEN • GESCHÄFTSPARTNERROLLEN • GP-ROLLENTYPGRUPPEN DEFINIEREN.

Rollenausschlussgruppen

Mit dieser Funktionalität verhindern Sie, dass einem SAP-Geschäftspartner mehrere Rollen zugeordnet werden, die einander logisch ausschließen.

Hierzu können Sie Ausschlussgruppen definieren und jeder Ausschlussgruppe einen Satz an Rollen beiordnen, die dann nicht gleichzeitig an ein und denselben Geschäftspartner vergeben werden können (siehe Abbildung 2.22).

Rollenausschlussgruppen legen Sie im Customizing über folgenden Pfad fest: SPRO • ANWENDUNGSÜBERGREIFENDE KOMPONENTEN • SAP-GESCHÄFTSPARTNER • GESCHÄFTSPARTNER • GRUNDEINSTELLUNGEN • GESCHÄFTSPARTNERROLLEN • GP-ROLLENAUSSCHLUSSGRUPPEN DEFINIEREN.

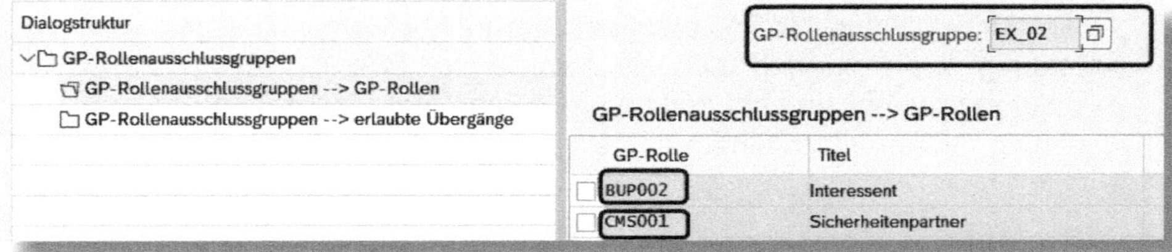

Abbildung 2.22: Customizing von Rollenausschlussgruppen

Zusätzlich können Sie unter dem Punkt GP-ROLLENAUSSCHLUSSGRUPPEN • ERLAUBTE ÜBERGÄNGE den Ausschluss sozusagen verfeinern. Sie definieren, dass eine Rolle der Ausschlussgruppe nur dann an einen SAP-Geschäftspartner vergeben werden kann, wenn die andere zuvor zugeordnet war (siehe Abbildung 2.23). Diese Funktionalität ist alles andere als selbsterklärend, deshalb möchte ich sie anhand eines Beispiels erläutern.

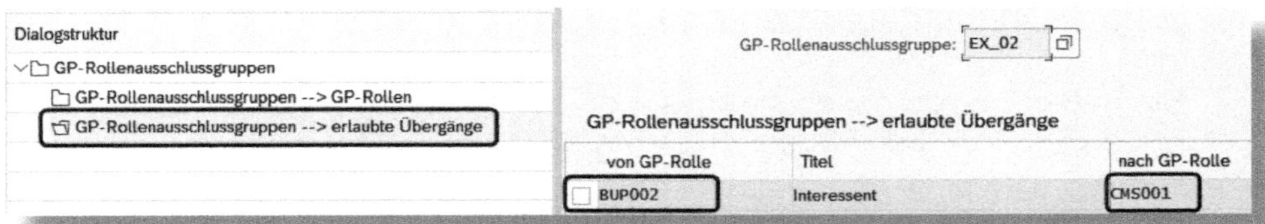

Abbildung 2.23: Erlaubte Übergänge innerhalb einer Ausschlussgruppe

Die Auswirkungen der Einstellungen aus Abbildung 2.22 und Abbildung 2.23 sind folgende: In der Rollenausschlussgruppe *EX_02* wurde definiert, dass die Rollen *BUP002* (Interessent) und *CMS001* (Sicherheitenpartner) nicht gleichzeitig vergeben werden dürfen. Zusätzlich wurde ein Übergang von Rolle BUP002 nach CMS001 erlaubt. Wenn Sie einem SAP-Geschäftspartner nun zuerst die Rolle CMS001 zuordnen, so ist für die weitere Pflege dieses SAP-Geschäftspartners die

Rolle BUP002 (wegen der Rollenausschlussgruppe) nicht mehr in der Drop-down-Liste verfügbar. Ordnen Sie aber zuerst die Rolle BUP002 zu, so können Sie diese im weiteren Verlauf durch CMS001 ersetzen.

Wenn Sie irgendwann nach Pflege der Rolle BUP002 die Nachfolgerrolle CMS001 auswählen, erscheint die in Abbildung 2.24 gezeigte Meldung. Die Rolle BUP002 wird also durch CMS001 ersetzt. Diese Funktion können Sie verwenden, wenn eine Rolle zwingend Voraussetzung für eine Nachfolgerrolle sein soll.

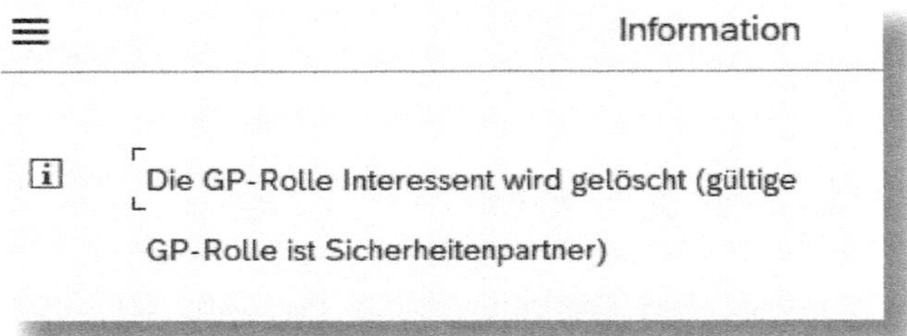

Abbildung 2.24: Meldung bei Pflege der Nachfolgerrolle

2.1.5 Geschäftspartnerarten

Sie haben bereits gesehen, dass man beim Anlegen eines SAP-Geschäftspartners eine Kategorisierung in Person, Organisation oder Gruppe vornimmt (der Begriff hierfür war Geschäftspartnertyp). Da hier weder ein weiteres Customizing noch eine Definition eigener Geschäftspartnertypen vorgesehen ist, bietet SAP mit der *Geschäftspartnerart* die Möglichkeit einer freien Typisierung von Geschäftspartnern (siehe Abbildung 2.25). Im Customizing findet sich diese Einstellungsmöglichkeit unter SPRO • ANWENDUNGSÜBERGREIFENDE KOMPONENTEN • SAP-GESCHÄFTSPARTNER • GESCHÄFTSPARTNER • GRUNDEINSTELLUNGEN • GESCHÄFTSPARTNERARTEN • GESCHÄFTSPARTNERARTEN DEFINIEREN.

Im SAP-Geschäftspartner befindet sich das Feld für die Geschäftspartnerart im Reiter STEUERUNG (siehe Abbildung 2.26).

Partnerart	Bezeichnung
0001	Partnerart 0001
0002	Partnerart 0002
0003	Mitarbeiter
0004	Makler
9001	Manager
9002	Vertriebsrepräsentant
9003	Vertriebsagent
SRM	Stakeholder

Abbildung 2.25: Customizing von Geschäftspartnerarten

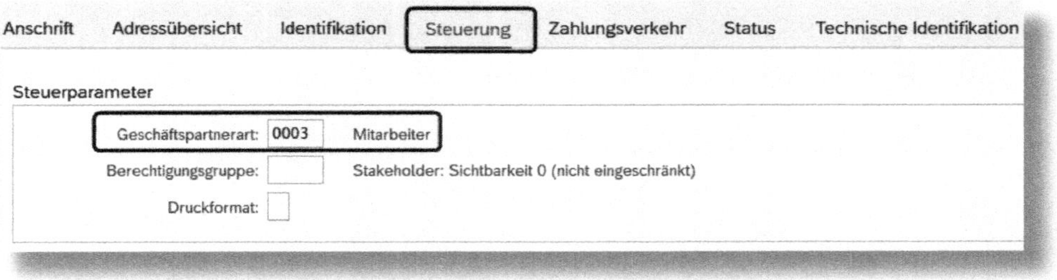

Anschrift Adressübersicht Identifikation Steuerung Zahlungsverkehr Status Technische Identifikation

Steuerparameter

Geschäftspartnerart: 0003 Mitarbeiter

Berechtigungsgruppe: Stakeholder: Sichtbarkeit 0 (nicht eingeschränkt)

Druckformat:

Abbildung 2.26: Geschäftspartnerart in der Transaktion »BP«

Abhängig von der Geschäftspartnerart ist die Definition einer eigenen Feldsteuerung möglich. Dies schauen wir uns im nächsten Abschnitt genauer an.

2.1.6 Feldmodifikationen im SAP-Geschäftspartner

Was Sie vielleicht bisher als *Feldsteuerung* kannten, heißt im Kontext des SAP-Geschäftspartners *Feldmodifikation*. Die Funktionalität ist vergleichbar. Hier können Sie einstellen, ob gewisse Felder überhaupt angezeigt werden, und wenn ja, ob sie eingabebereit sind oder nicht. Im Customizing finden Sie dies unter SPRO • ANWENDUNGSÜBERGREIFENDE KOMPONENTEN • SAP-GESCHÄFTSPARTNER • GESCHÄFTSPARTNER • GRUNDEINSTELLUNGEN • FELDMODIFIKATIONEN. Beim SAP-Geschäftspartner können diese Einstellungen auf folgenden Ebenen vorgenommen werden (siehe Abbildung 2.27):

- auf Ebene des Anwendungsobjekts (unter dem Punkt FELDATTRIBUTE PRO MANDANT KONFIGURIEREN) – hier sind im Standard diese beiden Anwendungsobjekte vorgesehen: *BUPA* (SAP-Geschäftspartner) und *BUPR* (zentraler Geschäftspartner: Partnerbeziehungen – das schauen wir uns in Abschnitt 2.1.8 noch genau an)
- auf Ebene des Rollentyps (hier steht zwar »pro GP-Rolle«, gemeint ist aber der Rollentyp und nicht die Rolle)
- auf Ebene der Aktivität (anzeigen, ändern, anlegen, Löschvormerkung setzen)
- auf Ebene der Geschäftspartnerart

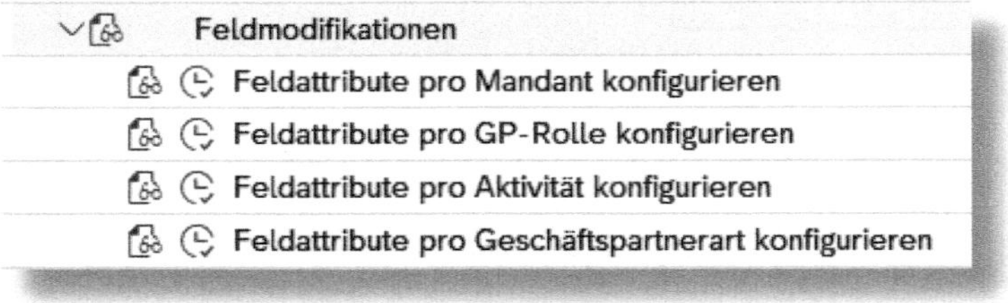

Feldmodifikationen
Feldattribute pro Mandant konfigurieren
Feldattribute pro GP-Rolle konfigurieren
Feldattribute pro Aktivität konfigurieren
Feldattribute pro Geschäftspartnerart konfigurieren

Abbildung 2.27: Customizing von Feldmodifikationen

2.1.7 Zeitabhängige Daten im SAP-Geschäftspartner

Eine der großen Neuerungen beim SAP-Geschäftspartner im Vergleich zum Kunden- bzw. Lieferantenstamm ist die Möglichkeit, zeitabhängige Daten zu pflegen. Das bedeutet, dass Sie für diese Daten Gültigkeitszeiträume mit unterschiedlichen Werten hinterlegen können.

Beispielsweise könnten Sie im Falle eines Umzugs unserer Organisation Papier Mustermann GmbH hinterlegen, dass sie bis zum 31. Oktober 2020 in München niedergelassen ist und ab 1. November 2020 ihren Sitz in Hamburg haben wird. Somit bleibt die Historie der Adresse nachvollziehbar, und die neue Adresse kann im Voraus – mit entsprechendem Gültigkeitsstart in der Zukunft – gepflegt werden, sobald Sie von dem anstehenden Umzug erfahren. Diese Form der Zeitabhängigkeit können Sie (optional) beim SAP-Geschäftspartner für folgende Daten nutzen:

- Adressen
- Bankverbindungen
- Rollenzuordnungen

Ob zeitabhängige Daten hier möglich sind oder nicht, legen Sie im Customizing unter SPRO • ANWENDUNGSÜBERGREIFENDE KOMPONENTEN • SAP-GESCHÄFTSPARTNER • AKTIVIERUNGSSCHALTER FÜR FUNKTIONEN fest (siehe Abbildung 2.28).

Aktivierungsstatus für Funktionen

Entwicklung	Aktiv	Beschreibung
ADDR_ICOMM	☐	
ALL_BP_TD	☐	
AUTO_MERGE	☐	
BUT020	☑	Zeitabhängigkeit GP Adressen
BUT0BK	☑	Zeitabhängigkeit GP Bankdaten
BUT100	☑	Zeitabhängigkeit GP Rollen
CRMACELATE	☐	Suche ohne ACE Tabellen, prüfe ACE erst im Filter-Step
CRM_ES_ACC	☐	Enterprise Search in Account-Suche verwenden

Abbildung 2.28: Aktivierung der Zeitabhängigkeit im Customizing

Beim SAP-Geschäftspartner ist (auch ohne Aktivierung der Zeitabhängigkeit) die Pflege mehrerer Adressen grundsätzlich immer möglich. Diese können im Reiter ADRESSÜBERSICHT eingesehen werden. Abbildung 2.29 zeigt das eingangs beschriebene Beispiel des Umzugs der Firma Papier Mustermann GmbH von München nach Hamburg.

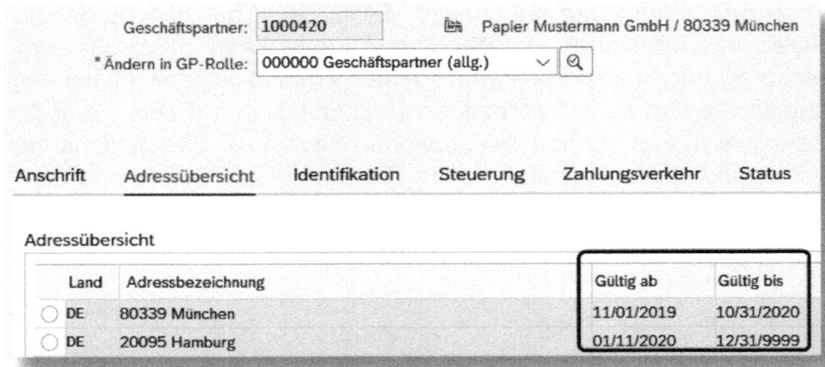

Land	Adressbezeichnung	Gültig ab	Gültig bis
DE	80339 München	11/01/2019	10/31/2020
DE	20095 Hamburg	01/11/2020	12/31/9999

Abbildung 2.29: Zeitabhängigkeit bei Adressen

Wenn Sie die Zeitabhängigkeit der Adressen im Customizing aktiviert haben, werden die Spalten GÜLTIG AB und GÜLTIG BIS eingeblendet. Indem Sie eine Adresse selektieren und auf den Button 🔍 klicken, können Sie diese Felder editieren (siehe Abbildung 2.30).

Abbildung 2.30: Pflege des Gültigkeitszeitraums je Adresse

Vorne im Reiter ANSCHRIFT wird automatisch die aktuell gültige Adresse angezeigt.

Ähnlich verhält es sich bei der Bankverbindung. Auch hier werden im Reiter ZAHLUNGSVERKEHR die Spalten GÜLTIG AB und GÜLTIG BIS erst durch die Aktivierung der Zeitabhängigkeit im Customizing sichtbar (siehe Abbildung 2.31).

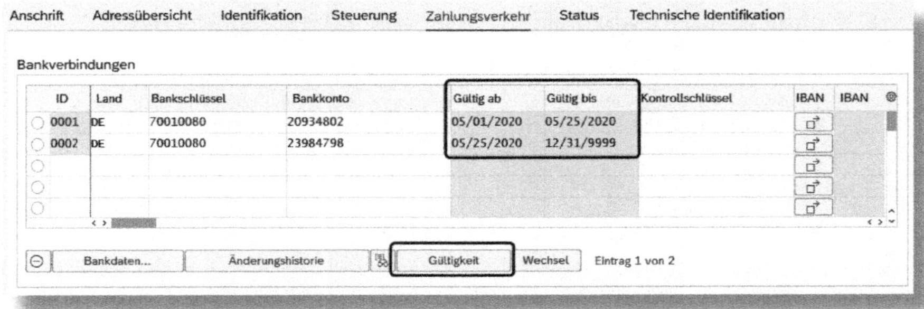

Abbildung 2.31: Zeitabhängigkeit bei Bankverbindungen

Der Gültigkeitszeitraum je Bankverbindung kann hier über den Button [Gültigkeit] gepflegt werden.

Die Funktionalität zur Pflege der Zeitabhängigkeit von Rollen ist etwas versteckt. Wenn Sie auf den Button [🔍] neben dem Feld ÄNDERN IN GP-ROLLE klicken, geht das Fenster zur Pflege der Zeitabhängigkeit einer Rollenzuordnung auf (siehe Abbildung 2.32).

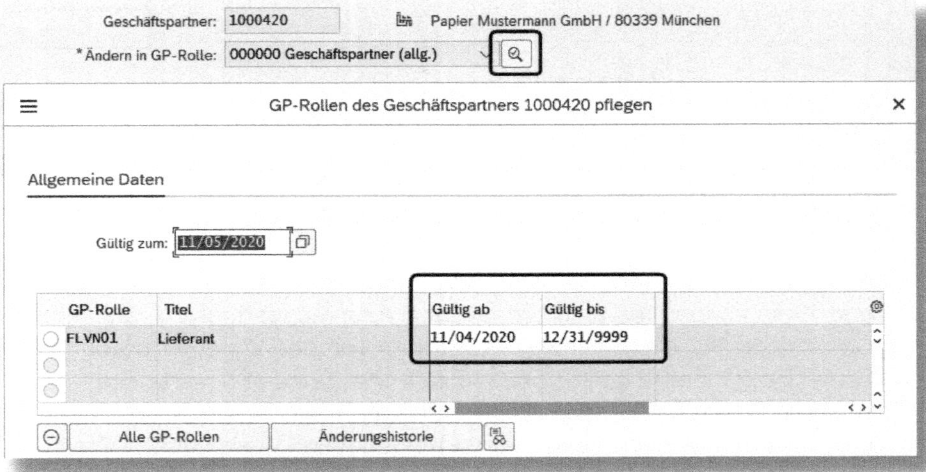

Abbildung 2.32: Pflege der Zeitabhängigkeit von Rollen

2.1.8 Beziehungen zwischen SAP-Geschäftspartnern

SAP ermöglicht es, verschiedene Typen von Beziehungen zwischen Geschäftspartnern abzubilden. Beispiele dafür könnten sein:

- Person A ist Ansprechpartner von Organisation B
- Person A ist Ehepartner von Person B
- Organisation A ist Rechnungssteller für Organisation B
- Organisation A ist Konzernmutter von Organisation B

Wir wollen uns das anhand eines Beispiels genauer anschauen: Unser Mitarbeiter Herr Muster ist als SAP-Geschäftspartner vom Geschäftspartnertyp »Person« angelegt. Er ist unser Ansprechpartner für verschiedene Firmen, die in unserem SAP-System als Geschäftspartner vom Geschäftspartnertyp »Organisation« angelegt sind. Eine dieser Organisationen ist unsere Firma Papier Mustermann GmbH.

Im Weiteren erfahren Sie, wie Sie der Papier Mustermann GmbH als Ansprechpartner Herrn Muster zuordnen: Öffnen Sie den Geschäftspartner zur Papier Mustermann GmbH in der Transaktion *BP*. Klicken Sie dann auf den Button Beziehungen (siehe Abbildung 2.33).

Abbildung 2.33: Button zum Anlegen einer Beziehung

Anschließend wählen Sie den BEZIEHUNGSTYP (beschrieben mit *hat den Ansprechpartner*) und ordnen den Ansprechpartner zu. Zusätzlich können Sie einen Gültigkeitszeitraum vorgeben (siehe Abbildung 2.34). Es können also für unterschiedliche Zeiträume verschiedene Ansprechpartner hinterlegt werden, und die Historie ist nachvollziehbar. Dies wurde auch schon im vorhergehenden Abschnitt 2.1.7 zur Zeitabhängigkeit von Daten im SAP-Geschäftspartner erwähnt.

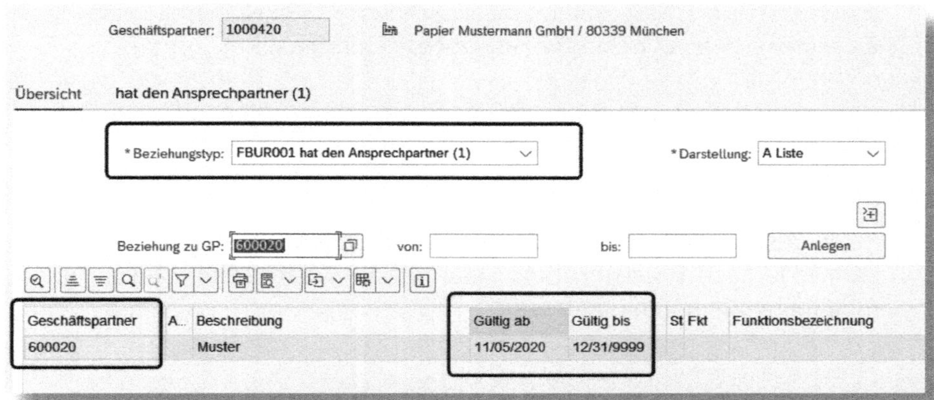

Abbildung 2.34: Zuordnung eines Ansprechpartners

Nach dem Sichern kann die Beziehung in beiden Geschäftspartnern eingesehen werden. Bei Herrn Muster ist sie unter der Bezeichnung IST ANSPRECHPARTNER VON zu finden (siehe Abbildung 2.35).

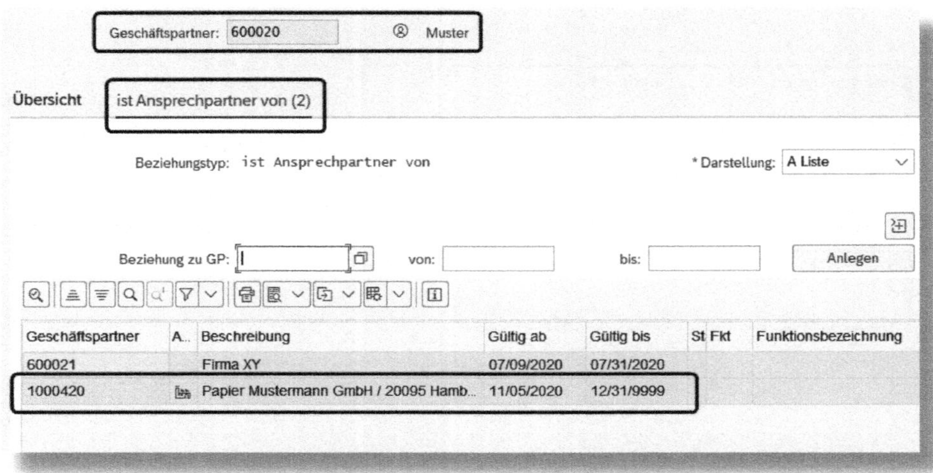

Abbildung 2.35: Beziehung aus Sicht des Ansprechpartners

Die wichtigsten Customizing-Einstellungen zu Beziehungen finden Sie unter SPRO • ANWENDUNGSÜBERGREIFENDE KOMPONENTEN • SAP-GE-

SCHÄFTSPARTNER • GESCHÄFTSPARTNERBEZIEHUNGEN • GRUNDEINSTELLUNGEN • EIGENSCHAFTEN VON GESCHÄFTSPARTNER-BEZIEHUNGSTYPEN.

Hier können Sie unter anderem eigene Beziehungstypen pflegen und existierende in der Drop-down-Liste ausblenden. Zudem lässt sich die Bezeichnung der Beziehungen aus Sicht der beiden involvierten SAP-Geschäftspartner einstellen. In Abbildung 2.36 sehen Sie, dass der in unserem Beispiel verwendete Beziehungstyp für den Ansprechpartner je nach Blickwinkel mit »hat den Ansprechpartner« oder »ist Ansprechpartner von« benannt ist.

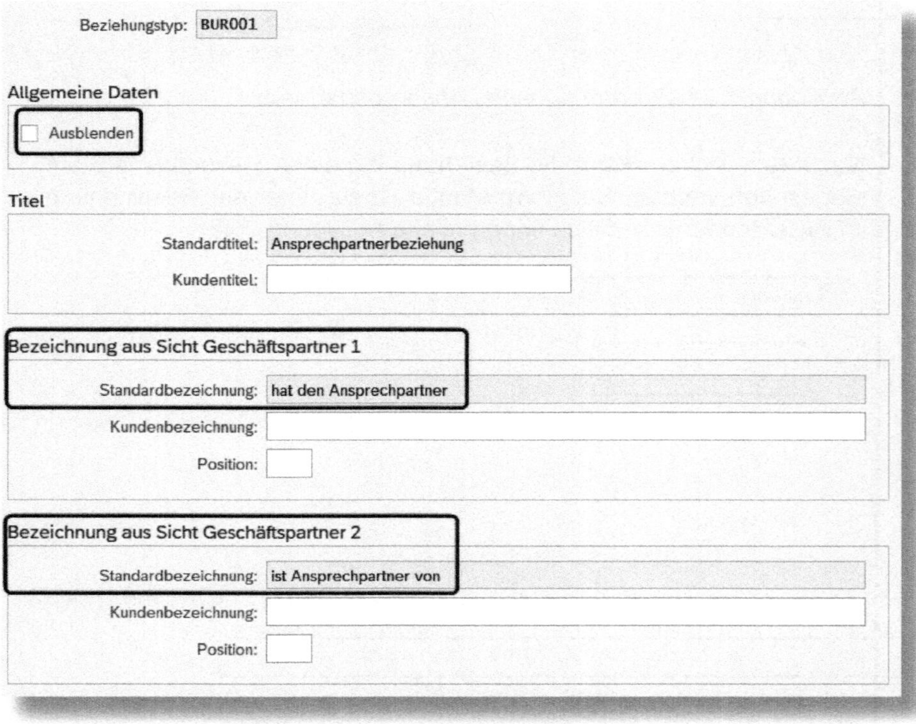

Abbildung 2.36: Customizing von Beziehungstypen

Das frühere Vorgehen, bei dem im Kundenstamm bzw. Lieferantenstamm Ansprechpartner hinterlegt werden konnten und diese Teil der Stammdaten waren, steht nun nicht mehr zur Verfügung. An dessen

Stelle ist das dynamische Verlinken von SAP-Geschäftspartnern getreten; es ist also zwingend erforderlich, die Ansprechpartner ebenfalls als Geschäftspartner im System anzulegen.

2.1.9 Datenmodell und Tabellen

Das komplexe Konzept des SAP-Geschäftspartners bringt die Existenz zahlreicher neuer Tabellen mit sich. Die zentrale Tabelle für die allgemeinen Daten trägt die Bezeichnung *BUT000*. Die Liste der sonst noch relevanten Tabellen in diesem Zusammenhang ist lang und kann leicht im Internet eingesehen werden, daher verzichte ich an dieser Stelle auf eine detaillierte Nennung.

Damit alle Programme, die noch mit den alten Tabellen für Lieferanten und Kunden arbeiten, weiter funktionieren, werden nach wie vor folgende Tabellen laufend im Hintergrund mit allen relevanten Daten automatisch gefüllt:

- KNA1 – Kundenstamm (allgemeiner Teil)
- KNB1 – Kundenstamm (Buchungskreis)
- KNVV – Kundenstamm (Vertriebsdaten)
- LFA1 – Lieferantenstamm (allgemeiner Teil)
- LFB1 – Lieferantenstamm (Buchungskreis)
- LFM1 – Lieferantenstamm Einkaufsorganisationsdaten

Diese Fortschreibung der aufgeführten Tabellen ist eine der Teilfunktionen der sogenannten Customer-Vendor-Integration, die ich im nächsten Abschnitt vorstelle.

2.1.10 Customer-Vendor-Integration und Migration von Daten aus ECC nach S/4HANA

Unter dem Begriff *Customer-Vendor-Integration (CVI)* sind Konzepte und Tools zusammengefasst, die dazu beitragen, die komplexen

Zusammenhänge zwischen dem SAP-Geschäftspartner und Kunden- bzw. Lieferantendaten abzubilden. Die Hauptaufgaben der Customer-Vendor-Integration sind:

- Sie sorgt dafür, dass zusätzlich zu den neuen SAP-Geschäftspartnertabellen im Hintergrund auch die Tabellen KNA1, KNB1, KNVV, LFA1, LFB1 und LFM1 synchron gehalten werden. Die automatische Synchronisation stellen Sie im Customizing unter SPRO • ANWENDUNGSÜBERGREIFENDE KOMPONENTEN • STAMMDATENSYNCHRONISATION • SYNCHRONISATIONSSTEUERUNG ein. Die Funktionalität läuft weitgehend unbemerkt im Hintergrund ab.
- Sie unterstützt die automatisierte Migration von ECC auf S/4HANA und überführt Daten aus Kundenstamm bzw. Lieferantenstamm in Rollen gemäß dem Geschäftspartneransatz. Ebenso unterstützt Sie die CVI bei einer Neueinrichtung von S/4HANA (Greenfield-Ansatz).

Damit das System die beiden obigen Aufgaben erfüllen kann, muss eine Grundvoraussetzung erfüllt sein: Für jeden SAP-Geschäftspartner, dem eine Rolle als Kunde bzw. Lieferant zugeordnet ist, muss die Kundennummer bzw. Lieferantennummer ersichtlich sein.

Die Begriffe Lieferant, Kreditor, Kunde und Debitor

Je nachdem, ob Sie mit der »Buchhaltungsbrille« oder mit der »Einkaufsbrille« auf einen Geschäftspartner schauen, werden Sie unterschiedliche Begriffe verwenden: Aus Buchhaltungssicht wird meist von Kreditoren und Debitoren gesprochen, aus Einkaufs- bzw. Vertriebssicht dagegen von Lieferanten bzw. Kunden. Im SAP-Umfeld werden die Begriffe synonym verwendet. Also nicht verwirren lassen, wenn die SAP an der einen oder anderen Stelle einen anderen Begriff verwendet, als Sie erwartet hätten (siehe z. B. Abbildung 2.37 oder Abbildung 2.38).

Die Verknüpfung geschieht im SAP-Geschäftspartner (Transaktion *BP*) über folgende Felder:

- bei einem Geschäftspartner mit einer zugeordneten Kundenrolle (in Abbildung 2.37 die Rolle FLCU01) über das Feld DEBITORENNUMMER im Reiter DEBITOR: ALLGEMEINE DATEN,
- bei einem Geschäftspartner mit einer Lieferantenrolle (in Abbildung 2.38 die Rolle FLVN01) über das Feld KREDITORENNUMMER im Reiter LIEFERANT: ALLGEMEINE DATEN.

Abbildung 2.37: Debitorennummer im SAP-Geschäftspartner

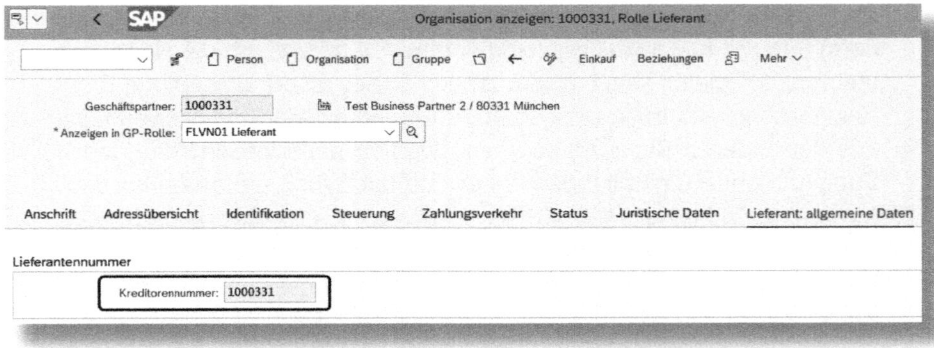

Abbildung 2.38: Kreditorennummer im SAP-Geschäftspartner

Eine zentrale Überlegung bei der Migration ist folgende: Sollen die Geschäftspartnernummer und die im Reiter DEBITOR: ALLGEMEINE DATEN bzw. im Reiter LIEFERANT: ALLGEMEINE DATEN zugeordnete Debitoren-/Kreditorennummer (siehe Abbildung 2.37 und Abbildung 2.38) identisch sein? Die SAP empfiehlt das. Eine Übereinstimmung ist aber nicht zwingend erforderlich.

Wie Sie das handhaben wollen, legen Sie im Customizing unter folgendem Pfad fest: SPRO • ANWENDUNGSÜBERGREIFENDE KOMPONENTEN • STAMMDATENSYNCHRONISATION • CUSTOMER-VENDOR-INTEGRATION • EINSTELLUNGEN DES GESCHÄFTSPARTNERS • EINSTELLUNGEN ZUR KUNDEN-/DEBITOREN-INTEGRATION • FELDZUORDNUNG FÜR DIE DEBITORENINTEGRATION • ZUORDNUNG VON SCHLÜSSELN • NUMMERNVERGABE RICHTUNG GP NACH DEBITOR FESTLEGEN.

Nummernvergabe für Richtung Geschäftspartner nach Debitor

Gruppierung	Kurzbezeichnung	Kontengruppe	Bedeutung	Nummerngleichheit
BP02	Interne Num.	CUST	Kunden	☐
BP03	Ext. Num. OB	CUST	Kunden	☐
BP04	Ext. alphanum.	CUST	Kunden	☐
BPAB	Ext. Alpha (B)	CUST	Kunden	☑
BPDC	Distr. center	CUSR	Kunden	☑

Abbildung 2.39: Festlegung Nummerngleichheit Debitor

In Abbildung 2.39 können Sie sehen, dass für jede Kombination aus der GRUPPIERUNG (sie definiert den Nummernkreis des Geschäftspartners) und der KONTENGRUPPE festgelegt werden kann, ob die Nummern automatisch gleich sein sollen oder nicht. Dies ist die Einstellung RICHTUNG GESCHÄFTSPARTNER NACH DEBITOR. Analog gehen Sie vor, wenn Sie aus der anderen Richtung kommen (Debitor nach Geschäftspartner). Entsprechende Einstellungen finden Sie auch für Lieferanten/Kreditoren im Customizing unter SPRO • ANWENDUNGSÜBERGREIFENDE KOMPONENTEN • STAMMDATENSYNCHRONISATION • CUSTOMER-VENDOR-INTEGRATION • EINSTELLUNGEN DES GESCHÄFTSPARTNERS • EINSTELLUNGEN ZUR LIEFERANTEN-/KREDITORENINTEGRATION • FELDZUORDNUNG FÜR DIE KREDITORENINTEGRATION • ZUORDNUNG VON SCHLÜSSELN.

Wie erkennt das System eigentlich, dass es sich um einen Kunden oder Lieferanten handelt? Sie haben gelernt, dass es sehr viele unterschiedliche Arten von Geschäftspartnern gibt und zahlreiche Rollen existieren, die ein SAP-Geschäftspartner einnehmen kann. Das Konzept der Customer-Vendor-Integration ist nur nicht für alle Rollen relevant.

Bei Nummerngleichheit ist auf identische Nummernkreise zu achten

Falls Sie die Option wählen, dass die Kunden-/Lieferantennummern mit der Geschäftspartnernummer identisch sein sollen, dann achten Sie darauf, dass die Nummernkreise konsistent im Customizing hinterlegt sind: Der jeweiligen Kontengruppe muss derselbe Nummernkreis zugeordnet sein wie der Geschäftspartnergruppierung.

Im Customizing finden Sie eine Auflistung aller Rollen, die debitorisch von Bedeutung sind (SPRO • ANWENDUNGSÜBERGREIFENDE KOMPONENTEN • STAMMDATENSYNCHRONISATION • CUSTOMER-VENDOR-INTEGRATION • EINSTELLUNGEN DES GESCHÄFTSPARTNERS • EINSTELLUNGEN ZUR LIEFERANTEN-/KREDITORENINTEGRATION • GP-ROLLENTYP FÜR RICHTUNG GP NACH DEBITOR EINSTELLEN). Außerdem ist dort eine Zuordnung von Rolle zu Kontengruppe vorgesehen (SPRO • ANWENDUNGSÜBERGREIFENDE KOMPONENTEN • STAMMDATENSYNCHRONISATION • CUSTOMER-VENDOR-INTEGRATION • EINSTELLUNGEN DES GESCHÄFTSPARTNERS• EINSTELLUNGEN ZUR LIEFERANTEN-/KREDITORENINTEGRATION • GP-ROLLE FÜR RICHTUNG DEBITOR NACH GP). Entsprechende Einstellungen sind auch für kreditorische Daten möglich.

In SAP ECC können Sie die Transaktion *CVI-COCKPIT* verwenden, diese unterstützt Sie bei der automatisierten Überführung der Kunden- und Lieferantenstämme (siehe Abbildung 2.40).

So viel in aller Kürze zum Thema »Customer-Vendor-Integration«. Die Überlegungen, die bei einer Datenmigration angestellt werden müssen, sind äußerst vielschichtig und konnten im Rahmen dieses Buches nur angerissen werden.

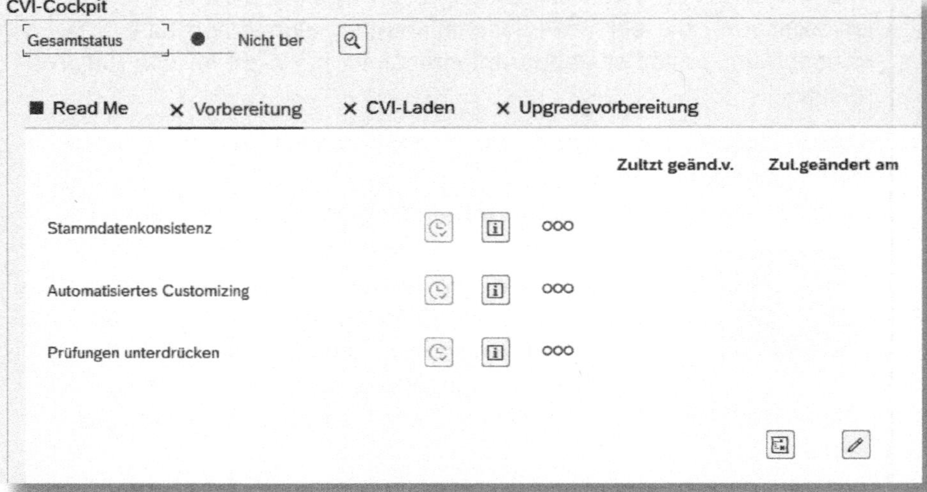

Abbildung 2.40: CVI-Cockpit

Weitere Informationen zu CVI und Datenmigration

- SAP-Hinweis 2265093: Er beschreibt die notwendigen Schritte der Migration und hat zwei PDF-Anhänge, die detailliert auf das Thema »Customer-Vendor-Integration« bzw. die einzelnen Migrationsaktivitäten eingehen.
- SAP-Hinweis 2713963: FAQ CVI – Customer-Vendor-Integration für Systemkonvertierung in SAP S/4HANA.
- Praxisnahe Informationen bietet zudem das Buch »Praxishandbuch SAP CVI (Customer-Vendor-Integration)« (Robin Schneider, Espresso Tutorials, 2020).

2.2 Materialstamm

Die Einführung von S/4HANA hat im *Materialstamm* einiges verändert. Doch keine Sorge – besonders tiefgreifend sind die Neuerungen hier nicht. Materialstämme werden immer noch mit den Transaktionen *MM01*, *MM02* und *MM03* bearbeitet (bzw. mit den entsprechenden Fiori-Apps). Ebenso ist der Aufbau eines Materialstamms gleich geblieben: Verschiedene Sichten können für mehrere Organisationseinheiten gepflegt werden etc. Was genau sich in diesem Bereich getan hat, werde ich Ihnen in den folgenden Abschnitten vorstellen.

2.2.1 Feldlängenerweiterung der Materialnummer

Die Feldlänge für die *Materialnummer* (Feld MATNR) war unter SAP ECC auf 18 Zeichen begrenzt. Über die Jahre wurde seitens der SAP-Kunden immer wieder die Forderung nach einer Ausweitung dieses Feldes laut. Diese Möglichkeit ist nun in S/4HANA mit der Funktionalität *lange Materialnummer* gegeben.

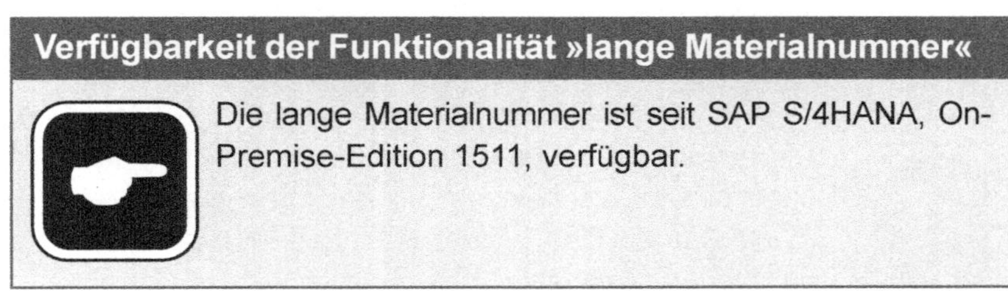

Verfügbarkeit der Funktionalität »lange Materialnummer«

Die lange Materialnummer ist seit SAP S/4HANA, On-Premise-Edition 1511, verfügbar.

Sie können wählen, ob Sie diese Feldlängenerweiterung verwenden möchten oder nicht. Die lange Materialnummer aktivieren Sie im Customizing unter folgendem Pfad: SPRO • ANWENDUNGSÜBERGREIFENDE KOMPONENTEN • ALLGEMEINE ANWENDUNGSFUNKTIONEN • FELDLÄNGENERWEITERUNG • ERWEITERTE FELDER AKTIVIEREN (siehe Abbildung 2.41).

Abbildung 2.41: Aktivierung der langen Materialnummer im Customizing

Zusätzlich ist eine weitere Einstellung notwendig. Diese findet sich im Customizing unter SPRO • Logistik allgemein • Materialstamm • Grundeinstellungen • Ausgabedarstellung der Materialnummer festlegen (Transaktion *OMSL*). Abbildung 2.42 zeigt die Auswahl der maximal möglichen *40* Zeichen.

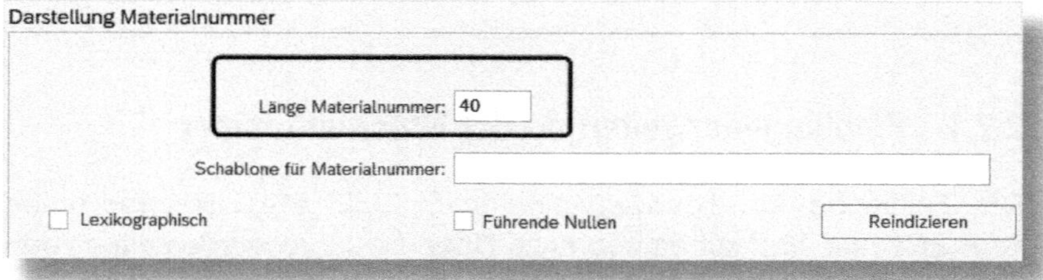

Abbildung 2.42: Einstellung der Länge für die Ausgabedarstellung der Materialnummer

Kann die Aktivierung der langen Materialnummer rückgängig gemacht werden?

Haben Sie die lange Materialnummer einmal aktiviert, kann diese Entscheidung nur bedingt rückgängig gemacht werden. Das System verhindert die Deaktivierung der langen Materialnummer zwar nicht, aber Sie müssen bedenken, dass ggf. Materialnummern existieren, die länger als 18 Zeichen sind und diese dann nicht mehr sinnvoll vom System verarbeitet werden können.

SAP-Hinweise zur langen Materialnummer

Der zentrale SAP-Hinweis zur Funktionalität der langen Materialnummer lautet 2215424 (»Feldlängenerweiterung für Materialnummer – Allgemeine Informationen«). Er zitiert zahlreiche andere Hinweise, in denen verschiedene Facetten der Thematik detailliert aufgearbeitet werden (z. B. SAP-Hinweis 2218350 für die Anpassungen an der IDoc-Schnittstelle, 2310255 für in Workflow-Containern verwendete Strukturen etc.).

> Wenn Sie planen, die lange Materialnummer zu aktivieren, sollten Sie zuvor jeden dieser SAP-Hinweise im Detail studieren und zu allen Aspekten die notwendigen Aktionen vornehmen.

Die lange Materialnummer spiegelt sich in allen relevanten SAP-Entwicklungseinheiten wider: Domänen, Datenelementen, Strukturen, transparenten Tabellen, externen und internen Schnittstellen etc. Die SAP hat an den entsprechenden Stellen Änderungen vorgenommen, damit die 40 Zeichen korrekt verarbeitet werden. Insbesondere wurden alle Domänen von Belang auf 40 Stellen erhöht (Anmerkung: Einige Domänen, z. B. die Domäne MATNR, haben im Customizing auch ohne die explizite Aktivierung der langen Materialnummer bereits 40 Zeichen. Dennoch können ohne die Aktivierung nach wie vor nur 18 Zeichen genutzt werden.).

Der Sonderfall rein numerischer Materialnummern

Rein numerische Materialnummern werden nach wie vor nur bis 18 Zeichen unterstützt. Auch die zugehörigen Nummernkreise, beispielsweise für die interne Nummernvergabe, unterliegen dieser Beschränkung. Die vollen 40 Zeichen werden hier nur unterstützt, wenn in der Materialnummer mindestens ein nicht numerisches Zeichen enthalten ist.

So sind in einem Nummernkreis mit dem Intervall von A bis Z 40 Stellen möglich, während für die Eingabe von Intervallen mit Zahlen (z. B. 1000000 bis 1999999) die Länge der Nummer nach wie vor auf 18 Zeichen beschränkt ist. Eine Festlegung von rein numerischen Nummernkreisen mit mehr Ziffern ist nicht vorgesehen.

Siehe hierzu auch den SAP-Hinweis 2453997.

Obwohl die SAP alle Vorkehrungen getroffen hat, damit die lange Materialnummer korrekt verarbeitet wird, kann es an verschiedenen Stellen dennoch vorkommen, dass Sie Hand anlegen und etwa eine Anpassung am kundeneigenen Programm vornehmen müssen. Beispielsweise wenn Sie in Programmen die Materialnummer in Datenelementen mit weniger als 40 Stellen zwischenspeichern. Es muss stets sichergestellt sein, dass Informationen, die über 18 Stellen hinausgehen, nicht verloren gehen.

Notwendige Analysen in kundeneigenen Programmen

Welcher Analyse Sie Ihren kundeneigenen Programmcode unterziehen müssen, wenn Sie die 40-stellige Materialnummer aktivieren, ist im Detail im SAP-Hinweis 2215424 beschrieben.

Insbesondere bei Schnittstellen sollten Sie genau analysieren, ob die Gegenseite (externe Partner bzw. andere interne Systeme, mit denen Ihr SAP-System kommuniziert) mit der größeren Feldlänge zurechtkommt und welche Schritte notwendig sind, damit der Informationsaustausch reibungslos funktioniert. Dies ist einer der Gründe, warum die SAP sich dafür entschieden hat, dass die Verwendung der langen Materialnummer explizit aktiviert werden muss. Wenn Sie das oben beschriebene Häkchen im Customizing (siehe Abbildung 2.41) nicht setzen, können Sie davon ausgehen, dass die Schnittstellen die Felder in ihrer bisherigen Länge beibehalten und die Daten im selben Parameter übermittelt werden wie zuvor. Von der SAP wurden für alle *IDocs*, *BAPIs* und relevanten *Funktionsbausteine* **zusätzliche** Felder bzw. Parameter bereitgestellt, die für die lange Materialnummer vorgesehen sind.

Erweiterung einer Schnittstelle für die lange Materialnummer

Im IDoc-Typ ORDERS05 wurde ein zusätzliches Feld MATNR_LONG mit 40 Stellen im Segment E1EDP01 eingefügt. Das bisherige Feld MATNR existiert dennoch weiterhin und wird auch wie gewohnt befüllt (zumindest sofern die lange Materialnummer noch nicht im Customizing aktiviert ist). Der Funktionsbaustein IDOC_OUTPUT_ORDERS wurde z. B. um Programmlogik erweitert, damit die lange Materialnummer entsprechend versorgt wird.

Selbst wenn die lange Materialnummer im Customizing noch nicht aktiviert ist, werden die entsprechenden neuen Felder/Parameter (z. B. MATNR_LONG, siehe Beispielkasten) trotzdem gefüllt. So können Schnittstellen bereits vor der »offiziellen« Aktivierung der Funktion im Customizing schon einmal angepasst und getestet werden.

Aktivierung der langen Materialnummer und »kurze Felder«

Sobald die lange Materialnummer im Customizing aktiviert ist, ist nicht mehr garantiert, dass die »alten Felder« in den Schnittstellen ohne Anpassung noch korrekt funktionieren.

Die »kurzen« Felder werden trotzdem noch gefüllt, sofern die Zahl der Stellen nicht überschritten wird. Dieses Verhalten wird im SAP-Hinweis 2215424 genauer beschrieben.

2.2.2 Vereinfachung der Dispositionssichten im Materialstamm

Ich möchte in diesem Abschnitt auf ein Thema eingehen, das nicht unmittelbar im Fokus dieses Buches (Einkauf und Bestandsführung) liegt, Ihnen aber im Bereich der Materialwirtschaft wohl dennoch begegnen wird: die Vereinfachung der *Dispositionssichten* im Materialstamm in S/4HANA.

Mit S/4HANA haben sich zahlreiche grundlegende Änderungen im Bereich der Disposition ergeben, die ich hier nicht im Detail erläutere. Zur weiteren Lektüre empfehle ich z. B. den SAP-Hinweis 2638465.

SAP-Hinweis zur Vereinfachung der Dispositionssichten im Materialstamm

Ausführliche Informationen zu diesem Thema finden Sie im SAP-Hinweis 2267246.

In den Transaktionen *MM01*, *MM02* und *MM03* fallen unter S/4HANA folgende Felder weg (zur Veranschaulichung zeige ich Ihnen Screenshots aus ERP; darin sind die Felder markiert, die unter S/4HANA nicht mehr zur Verfügung stehen):

- Sicht DISPOSITION 1 (siehe Abbildung 2.43):
  MENGENEINHEITENGRP (dieses Feld ist nur für *Retail* relevant, weshalb es hier nicht benötigt wird)

< Einkaufsbestelltext | Disposition 1 | Disposition 2 | Disposition 3 | Dispositio... >

Material DPC-CS-8080 PC Titanium 8083 2,8 GHz, Komplettsystem
Werk 3000 New York

Allgemeine Daten

Basismengeneinheit	ST	Stück	Dispositionsgruppe	
Einkäufergruppe	002		ABC-Kennzeichen	
Werksspez. MatStatus			Gültig ab	

Dispoverfahren

Dispomerkmal	ND	Keine Disposition		
Meldebestand	0		Fixierungshorizont	0
Dispositionsrhythmus			Disponent	

Losgrößendaten

Dispolosgröße			
Mindestlosgröße	0	Maximale Losgröße	0
		Höchstbestand	0
BaugrpAusschuß (%)	0,00	Taktzeit	0
Rundungsprofil		Rundungswert	0
MengeneinheitenGrp			

Dispositionsbereiche

Dispobereich vorhanden | Dispositionsbereiche

Abbildung 2.43: Felder in SAP ECC – Sicht »Disposition 1«

- Sicht DISPOSITION 2 (siehe Abbildung 2.44):
  QUOTIERUNGSVERW. (da die Materialbedarfsplanung unter S/4HANA stets *Quotierungen* berücksichtigt, ist das gesonderte Aktivieren bzw. Deaktivieren dieses Feldes obsolet)

< Disposition 1 | Disposition 2 | Disposition 3 | Disposition 4 | Buchhaltung 1 >

Material DPC-CS-8080 C Titanium 8083 2,8 GHz, Komplettsystem
Werk 3000 New York

Beschaffung

Beschaffungsart	F	Chargenerfassung	
Sonderbeschaffung		Produktionslagerort	
Quotierungsverw.		Vorschlags-PVB	
Retrogr. Entnahme		FremdBesch Lagerort	
Feinabrufkennzeichen		BfGruppe	
Schüttgut			

Terminierung

		Planlieferzeit	1 Tage
WE-Bearbeitungszeit	0 Tage	Planungskalender	
Horizontschlüssel			

Nettobedarfsrechnung

Sicherheitsbestand	0	Lieferbereitsch.(%)	0,0
min Sicherheitsbest	0	Reichweitenprofil	
BedarfsvorlaufKennz		Bedvorlzeit/ Ist-RW	0 Tage
BedVorl-PeriodProfil			

Abbildung 2.44: Felder in SAP ECC – Sicht »Disposition 2«

- Sicht DISPOSITION 3:
  keine Änderungen

- Felder in der Sicht DISPOSITION 4 (siehe Abbildung 2.45):
  - ALTERNSELEKTION
  - AKTIONSSTEUERUNG
  - FAIR-SHARE-REGEL
  - PUSH-DISTRIBUTION
  - ANGEBOTS-HORIZONT

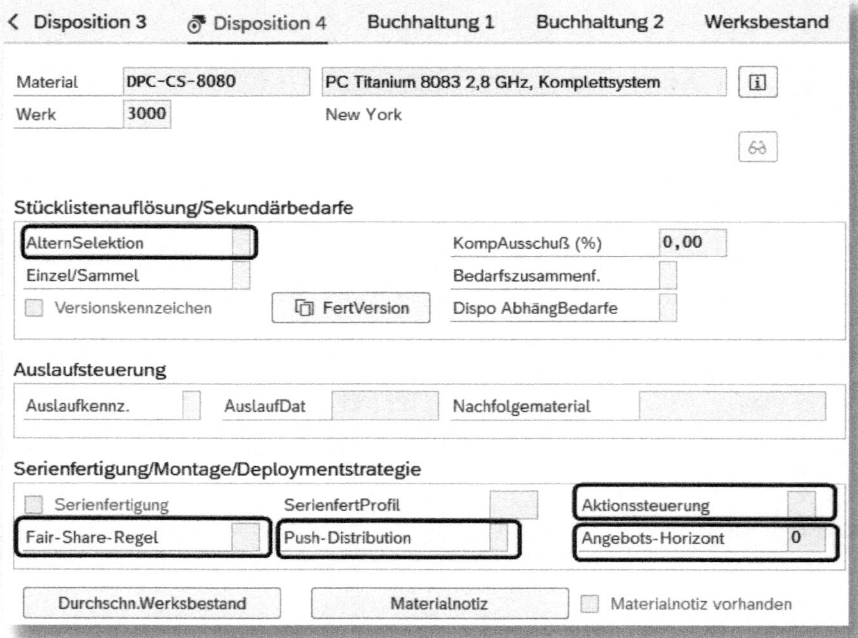

Abbildung 2.45: Felder in SAP ECC – Sicht »Disposition 4«

- Felder in der Sicht DISPOSITION 4, Bildbereich LAGERORTDISPOSITION (siehe Abbildung 2.46):
  - DISPOSITIONSKENNZ
  - SONDERBESCHART LGORT

- Meldebestand
- Auffüllmenge

Dieser Bildbereich steht überhaupt nicht mehr zur Verfügung, weil unter S/4HANA die Disposition auf Lagerortebene entfällt und nur noch auf der Ebene von *Dispositionsbereichen* erfolgt.

Lagerortdisposition

Dispositionskennz.		SonderbeschArt LgOrt	
Meldebestand	0	Auffüllmenge	0

Abbildung 2.46: Bildbereich »Lagerortdisposition« in SAP ECC –Sicht »Disposition 4«

2.2.3 Neue Materialart »SERV«

In S/4HANA wurde die neue Materialart *SERV* für Dienstleistungen eingeführt. Diese soll vorzugsweise anstelle der alten Materialart DIEN verwendet werden. Bei SERV stehen weniger Sichten zur Verfügung. Beispielsweise finden Sie hier keine Dispositionssichten – Dienstleistungen werden schließlich in aller Regel nicht von der Disposition geplant. Einige Felder sind zudem ausgeblendet, wie z. B.:

- Sicht Grunddaten 1: Feld EAN-Nummer
- Sicht Vertrieb: Allg./Werk: Feld Verfügbarkeitsprüfung
- Sicht Einkauf: Feld WE-Bearbeitungszeit

SAP-Hinweis zur Materialart SERV

Die neue Materialart SERV wird im SAP-Hinweis 2267247 genauer erklärt. Dort finden Sie eine detaillierte Auflistung der ausgeblendeten Felder.

In Abbildung 2.47 sehen Sie die Sicht EINKAUF zur Materialart *SERV*. Zum Vergleich sind in Abbildung 2.48 alle Felder in der Einkaufssicht zur bisherigen Materialart *DIEN*, die in SERV wegfallen, durch Rahmen gekennzeichnet. In der Gegenüberstellung der vorhandenen Reiter können Sie zudem erkennen, dass bei SERV weitaus weniger Sichten zur Verfügung stehen.

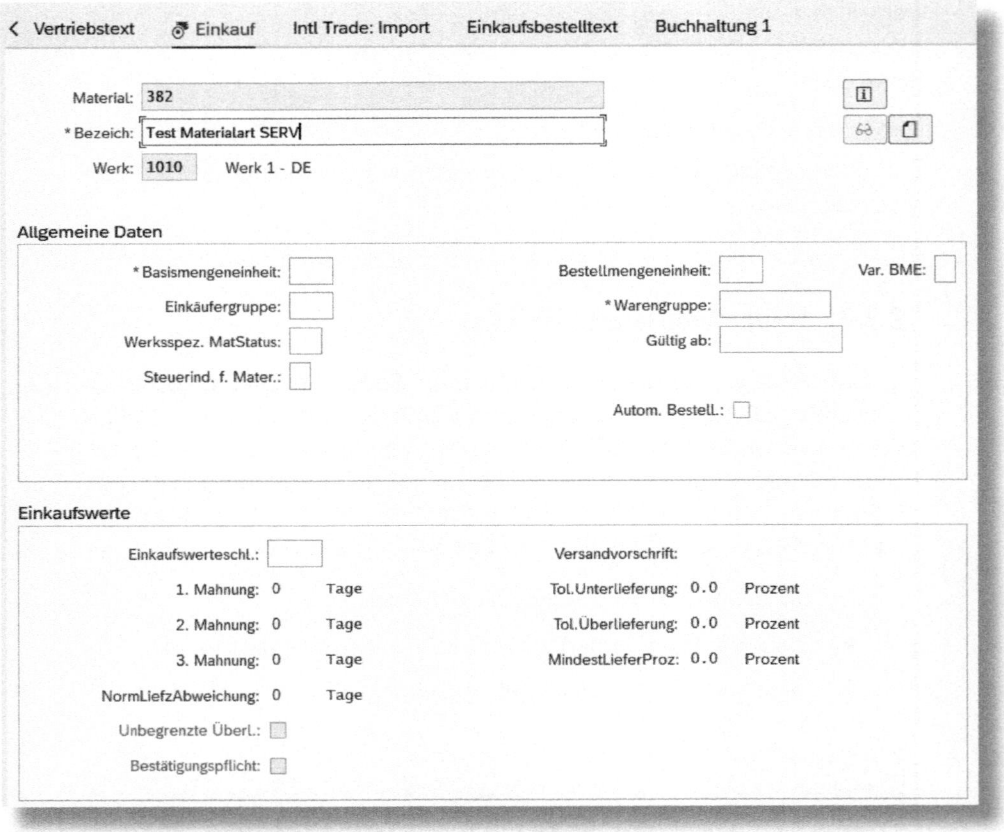

Abbildung 2.47: Einkaufssicht bei Materialart »SERV« (SAP S/4HANA)

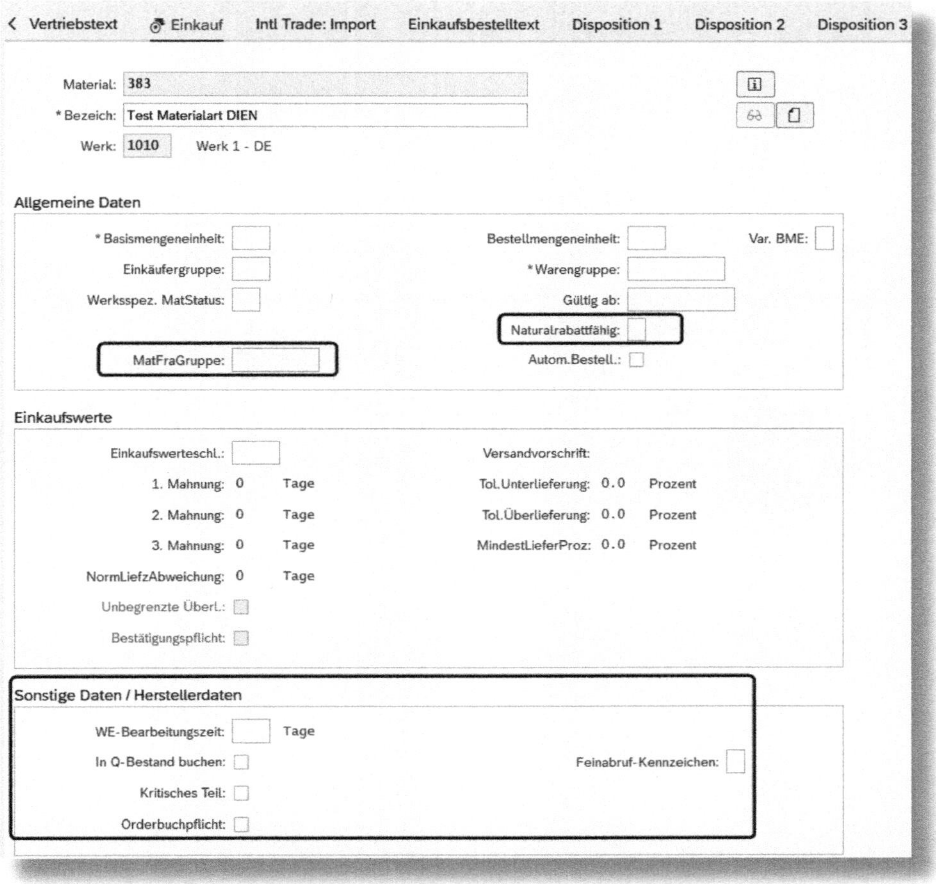

Abbildung 2.48: Einkaufssicht bei Materialart »DIEN« (SAP ECC)

2.3 Transaktionen zur Bearbeitung von Chargen

Im Bereich der Chargenpflege ist in S/4HANA Folgendes zu beachten: Die alten Transaktionen existieren nicht mehr und werden durch die entsprechenden (bereits vor S/4HANA verfügbaren) neuen Transaktionen ersetzt (siehe Tabelle 2.1).

Transaktion alt	Funktion	Transaktion neu
MSC1	Charge anlegen	MSC1N
MSC2	Charge ändern	MSC2N
MSC3	Charge anzeigen	MSC3N
MSC4	Änderungsbelege zur Charge anzeigen	MSC4N

Tabelle 2.1: Obsolete und neue Transaktionen zur Chargenpflege

SAP-Hinweis zu obsoleten Transaktionen der Chargenverarbeitung

Weitere Informationen zu diesem Thema enthält der SAP-Hinweis 2267298.

3 Bestandsführung

Wenden wir uns nun der Bestandsführung zu. Hier ist vor allem die Änderung des Datenmodells als einschneidende Neuerung hervorzuheben. Damit wollen wir uns gleich als Erstes befassen.

3.1 Datenmodell

Das Datenmodell im Bereich der Bestandsführung hat sich mit S/4HANA grundlegend geändert.

Unter SAP ECC gab es die beiden folgenden Tabellen für Materialbelege: MKPF (»Belegkopf Materialbeleg«) und MSEG (»Belegsegment Material« – die Positionen zum Materialbeleg). Diese werden nun ersetzt durch eine Tabelle namens *MATDOC*. Diese Tabelle enthält sowohl die Kopf- als auch die Positionsdaten in einer Zeile. Für Datenbankexperten: Diese Tabelle ist somit nicht mehr normalisiert und enthält redundante Daten, beispielsweise pro Positionszeile jeweils alle Kopfinformationen. Zur Veranschaulichung sehen Sie eine Auswahl der Felder der Tabelle MATDOC in Abbildung 3.1. Dort wird ersichtlich, dass beispielsweise für jede Materialbelegzeile Erstellungsdatum (CPUDT) und -zeit (CPUTM), Belegart (BLART), Benutzername (USNAM), die verwendete Transaktion (TCODE2) etc. hinterlegt sind.

SAP-Hinweis zum Datenmodell in der Bestandsführung

Der relevante SAP-Hinweis für dieses Thema ist der Hinweis 2206980.

Tabelle: MATDOC

Angezeigte Felder: 13 von 13 Feststehende Führungsspalten: 1 Listbreite 0250

WERKS	CPUDT	CPUTM	GJAHR	MBLNR	MJAHR	ZEILE	BWART	MATNR	BLART	VGART	USNAM	TCODE2
1010	06/06/2020	12:43:12	2020	5000004107	2020	0001	101	M-04	WE	WE	WÜRZER	MIGO_GR
1010	06/06/2020	12:43:12	2020	5000004107	2020	0002	101	M-04	WE	WE	WÜRZER	MIGO_GR
1010	06/06/2020	12:58:11	2020	5000004108	2020	0001	101	M-04	WE	WE	WÜRZER	MIGO_GR
1010	06/06/2020	13:02:29	2020	5000004109	2020	0001	122	M-04	WE	WE	WÜRZER	MIGO_GR
1010	06/26/2020	11:26:49	2020	5000004139	2020	0001	101	M-04	WE	WE	WÜRZER	MB01
1010	06/26/2020	11:29:09	2020	5000004140	2020	0001	122	M-04	WE	WE	WÜRZER	MB01
1010	06/28/2020	09:17:15	2020	5000004162	2020	0001	101	M-04	WE	WE	WÜRZER	MB01
1010	06/28/2020	10:04:55	2020	5000004168	2020	0001	101	M-04	WE	WE	WÜRZER	MB01
1010	07/05/2020	21:12:20	2020	5000004177	2020	0001	101	M-04	WE	WE	WÜRZER	MIGO_GR

Abbildung 3.1: Ausschnitt aus Tabelle »MATDOC«

Zudem existieren zahlreiche Tabellen, die aggregierte Daten enthalten, z. B. folgende Felder in der Tabelle MARD (»Lagerortdaten zum Material«):

- LABST – bewerteter, frei verwendbarer Bestand
- INSME – Qualitätsprüfbestand
- SPEME – gesperrter Bestand

Unter S/4HANA werden keine aggregierten Werte mehr in den entsprechenden Tabellen gespeichert. Stattdessen wird »on-the-fly« der jeweilige aktuelle Wert aus der Tabelle MATDOC (also aus der Historie aller Materialbelege) berechnet. Die neue, effiziente Datenbanktechnologie macht es möglich.

Die Tabellen MKPF und MSEG existieren weiterhin unter S/4HANA. Auch die Felder mit aggregierten Werten in diversen Tabellen sind noch da. Wenn Sie deren Inhalt mit der Transaktion *SE16N* aufrufen, sehen Sie auch Einträge. Außerdem funktioniert nach wie vor kundeneigener Programmcode, der auf die jeweiligen Felder lesend zugreift. Wie ist das möglich? SAP verwendet hier die Technologie der sogenannten *CDS (Core Data Services) Views*.

Diesen Begriff möchte ich kurz erklären, denn er wird uns im Laufe des Buches noch öfter begegnen. Das Grundprinzip einer CDS View ist, das Ergebnis vordefinierter SELECT-Abfragen bereitzustellen. Diese Abfragen können sich auf eine oder mehrere Datenbanktabellen beziehen. Auf die daraus gewonnenen Daten kann ein ABAP-Entwickler während des Programmierens komfortabel zugreifen. Das kennen Sie vielleicht bereits von ABAP Views – auch hier wurden SELECT-Anweisungen in Programmen häufig durch vordefinierte Views quasi ersetzt. CDS Views werden aber nicht wie die bekannten ABAP Views grafisch zusammengeklickt, sondern bestehen aus Quelltext, verfasst in einer eigenen DDL (Data Definition Language). Zudem werden Sie keine SAP-Transaktion finden, um sie zu entwickeln. Sie benötigen hierfür das Tool *Eclipse* (das wohl das Tool der Zukunft für alle ABAP-Entwickler darstellen wird ...).

CDS Views sorgen also dafür, dass die Daten der alten Tabellen (MKPF und MSEG) und die aggregierten Felder (z. B. MARD-LABST) indirekt im Hintergrund aus der Tabelle MATDOC ermittelt werden. Lesende Zugriffe funktionieren demzufolge nach wie vor durch diese versteckte Umleitung zur Tabelle MATDOC. Allerdings muss kundeneigener Programmcode für schreibende Zugriffe auf die betroffenen Tabellen und Felder angepasst werden. Hier die wichtigsten betroffenen Tabellen (dies ist nur ein Ausschnitt; siehe SAP-Hinweis 2206980):

- MKPF – Belegkopf Materialbeleg
- MSEG – Belegsegment Material
- MARC – Werksdaten zum Material
- MARD – Lagerortdaten zum Material
- MCHB – Chargenbestände
- MKOL – Sonderbestände von Lieferanten
- MSKA – Kundenauftragsbestand

Auch bei kundeneigenen Append-Strukturen oder Includes in den relevanten Tabellen muss noch Hand angelegt werden. Dies geht allerdings sehr ins technische Detail. Leser, die es betrifft und die hier versiert sind, können im Hinweis 2206980 nachlesen, was zu tun ist.

3.2 Obsolete Transaktionen

Folgende Transaktionen im Bereich der Bestandsführung stehen unter S/4HANA nicht mehr zur Verfügung:

- *MB01* – Wareneingang zur Bestellung buchen
- *MB02* – Materialbeleg ändern
- *MB03* – Materialbeleg anzeigen
- *MB04* – Nachverrechnung von Bestellmaterial
- *MB05* – Nachverrechnung Wirkstoffmaterial
- *MB0A* – Wareneingang zur Bestellung buchen
- *MB11* – Warenbewegung
- *MB1A* – Warenentnahme
- *MB1B* – Umbuchung
- *MB1C* – Wareneingang sonstige
- *MB31* – Wareneingang zum Fertigungsauftrag
- *MBNL* – Nachlieferung zum Materialbeleg
- *MBRL* – Rücklieferung zum Materialbeleg
- *MBSF* – Sperrbestand über Materialbeleg freigeben
- *MBSL* – Materialbeleg kopieren
- *MBST* – Materialbeleg stornieren
- *MBSU* – Materialbeleg einlagern: Einstieg
- *MBBM* – Batch-Input: Materialbeleg buchen

Bereits unter SAP ECC wurde die Verwendung dieser Transaktionen nicht mehr empfohlen. Die Transaktion der Wahl war schon davor und ist nun verpflichtend die *MIGO*. In Schulungen nenne ich sie oft die »Eier legende Wollmilchsau«, weil sie so viele Funktionalitäten in sich vereint. Nutzer, die die oben genannten Transaktionen bevorzugen, werden sich nun umgewöhnen müssen. Außerdem gilt es, kundeneigenen Programmcode anzupassen, in dem die alten Transaktionen aufgerufen werden. Stattdessen sind jetzt die Funktionsbausteine *BAPI_GOODSMVT_CREATE*, *BAPI_GOODSMVT_CANCEL* sowie *MIGO_DIALOG* einzusetzen.

Zusätzlich gibt es die Transaktion MMBE_OLD nicht mehr, stattdessen ist *MMBE* zu nutzen.

SAP-Hinweis zu obsoleten Transaktionen

Der relevante SAP-Hinweis zu den obsoleten Transaktionen in der Bestandsführung lautet 2210569.

3.3 Prüfung auf »Ende des Verwendungszwecks« (EoP)

Bei der Migration von Daten nach S/4HANA verdient das bereits unter SAP ECC (bei neueren Releaseständen) vorhandene Feld KENNZEICHEN FÜR ERFÜLLTEN GESCHÄFTSZWECK für Lieferanten und Kunden Aufmerksamkeit. Die dort hinterlegte Information dient der Kontrolle, ob personenbezogene Daten gelöscht werden müssen oder nicht. Wenn Sie dieses Feld in Ihrem Altsystem nutzen, müssen Sie bei der Migration etwas aufpassen. Falls Sie sich nicht sicher sind, ob Sie dieses Thema betrifft, prüfen Sie, ob in Tabelle LFB1 für Lieferanten und in Tabelle KNB1 für Kunden in dem Feld CVP_XBLCK_B etwas eingetragen ist. Wenn ja, können Sie diese Daten für die gekennzeichneten Kunden/Lieferanten nicht ohne Weiteres migrieren. Es gilt, Folgendes zu beachten:

- Materialbelege mit Bezug auf gekennzeichnete Kunden oder Lieferanten müssen archiviert werden.
- Sonderbestände zu gekennzeichneten Kunden/Lieferanten müssen archiviert oder gelöscht werden.
- Betroffene Inventurbelege müssen archiviert werden.
- Offene Reservierungen mit Bezug auf gekennzeichnete Kunden/Lieferanten müssen archiviert werden.

Dies bedeutet also, dass z. B. Materialbelege, Sonderbestände, Inventurbelege und offene Reservierungen mit Bezug auf gekennzeichnete Kunden bzw. Lieferanten vor der Migration auf S/4HANA archiviert oder gelöscht werden müssen.

SAP-Hinweis zu EoP in der Bestandsführung

Der relevante SAP-Hinweis zu den Restriktionen bei gesperrten Kunden bzw. Lieferanten lautet 2516223.

Zunächst müssen Sie die betroffenen Kunden bzw. Lieferanten in Ihrem Altsystem ausfindig machen. Dann ermitteln Sie die entsprechenden Belege, Bestände etc. und archivieren bzw. löschen diese. Eine detaillierte Vorgehensweise wird in Hinweis 2516223 beschrieben.

3.4 Material-Ledger und Bewertung in S/4HANA

Unter S/4HANA ist die Verwendung der Funktionalität des *Material-Ledger* zur Bestandsbewertung verpflichtend. Das Material-Ledger ist ein Bestandsnebenbuch in der Buchhaltung. Bisher war die Verwendung dieses Features optional.

Wenn Sie es bereits einsetzen, müssen Sie das Material-Ledger nach S/4HANA migrieren.

In diesem Zusammenhang ist eine feine Differenzierung der Begrifflichkeiten vonnöten. Viele Menschen setzen die Begriffe »Material-Ledger« und »Istkalkulation« gleich. Sie bedeuten aber nicht dasselbe. Das Material-Ledger ermöglicht die Bewertung des Bestandes in verschiedenen Währungen und nach differierenden Rechnungslegungsvorschriften. Der Einsatz des Material-Ledger als Bestandsnebenbuch ist Voraussetzung dafür, dass die Funktionalität der *Istkalkulation* verwendet werden kann. Mit der Istkalkulation können Sie folgende Elemente mit gewichteten Durchschnittsstückkosten bewerten:

- Materialbestände
- Ware in Arbeit
- Kosten des Umsatzes

Die Verwendung der Funktionalität der Istkalkulation ist nach wie vor **nicht** verpflichtend, wenn Sie S/4HANA einführen.

Bei der Migration nach S/4HANA wird das Material-Ledger während der Konvertierung aktiviert. In den Transaktionen *MM02* (Material ändern) und *MR21* (Preisänderung) kann nun der Bewertungspreis in mehreren Währungen gepflegt werden. Das Material-Ledger in S/4HANA unterstützt bis zu drei verschiedene Währungen. In Abbildung 3.2 sehen Sie, wie sich das in der Sicht BUCHHALTUNG 1 im Materialstamm auswirkt.

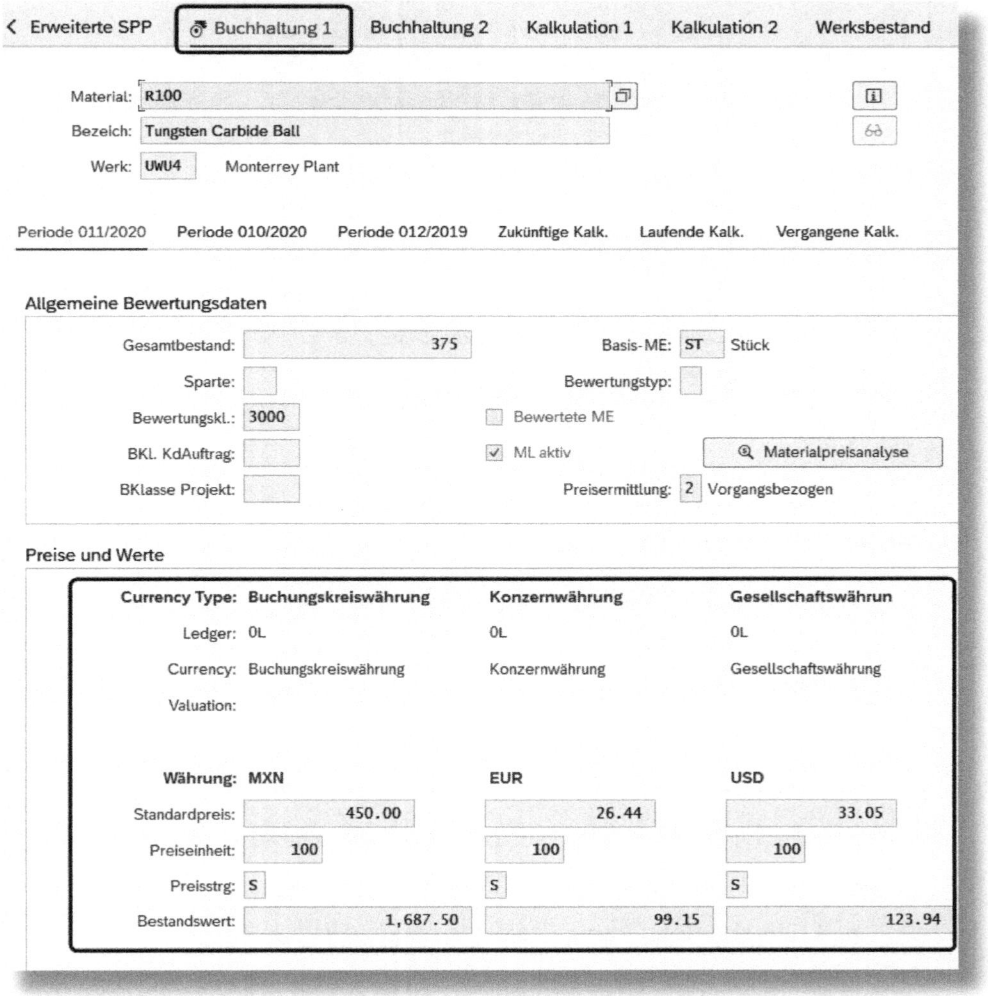

Abbildung 3.2: Buchhaltungssicht mit drei verschiedenen Währungen

Das Customizing zum Material-Ledger findet sich unter folgendem Pfad: SPRO •CONTROLLING • PRODUKTKOSTEN-CONTROLLING • ISTKALKULATION/MATERIAL-LEDGER. Dort legen Sie z. B. die Währungstypen fest (siehe Abbildung 3.3).

Istkalkulation/Material-Ledger
- Material-Ledger-Typen definieren und Währungstypen zuordnen
- Material-Ledger-Typen einem Bewertungskreis zuordnen
- Material-Ledger für Bewertungskreise aktivieren
- Nummernkreise für Material-Ledger-Belege pflegen
- Dynamische Preisänderung einstellen
- Gründe für Preisänderungen
- Materialpreisversand einstellen
- Flexible Meldungstypen definieren
- Materialfortschreibung
- Istkalkulation
- Bilanzbewertungsverfahren mit Material-Ledger
- Berichtswesen

Abbildung 3.3: Customizing zum Material-Ledger

Zusätzlich hat sich der Inhalt einiger Materialbewertungstabellen geändert; betroffen sind folgende:

- EBEW – Bewertung Kundenauftragsbestand
- EBEWH – Bewertung Kundenauftragsbestand – Historie
- MBEW – Materialbewertung
- MBEWH – Materialbewertung – Historie
- OBEW – bewerteter Lohnbearbeitungsbestand
- OBEWH – bewerteter Lohnbearbeitungsbestand – Historie
- QBEW – Bewertung Projektbestand
- QBEWH – Bewertung Projektbestand – Historie

In diesen Tabellen waren unter SAP ECC teils Felder mit aggregierten Bewegungsdaten gefüllt. Ein Beispiel hierfür ist das Feld LBKUM (gesamter bewerteter Bestand für das Material) in Tabelle MBEW (siehe Abbildung 3.4). Zusätzlich dazu sind in den Tabellen Felder, die Materialattribute (also keine kumulierten Werte), enthalten, z. B. die Felder VPRSV (Preissteuerungskennzeichen) oder BKLAS (Bewertungsklasse).

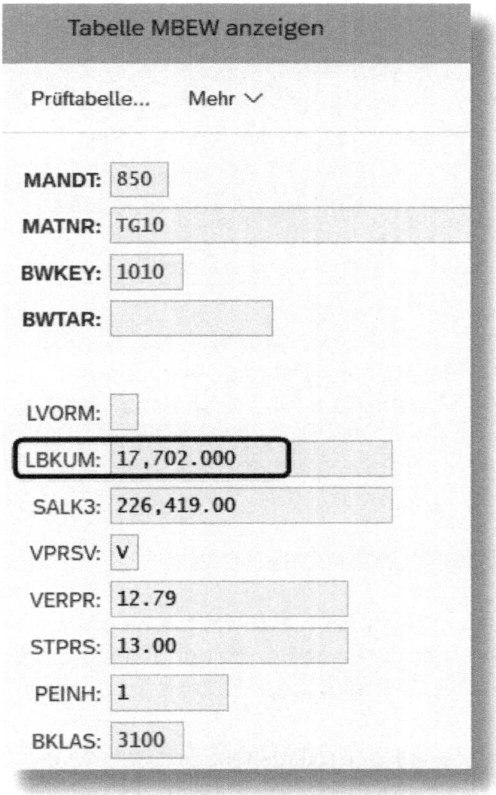

Tabelle MBEW anzeigen

Prüftabelle... Mehr

MANDT:	850
MATNR:	TG10
BWKEY:	1010
BWTAR:	
LVORM:	
LBKUM:	17,702.000
SALK3:	226,419.00
VPRSV:	V
VERPR:	12.79
STPRS:	13.00
PEINH:	1
BKLAS:	3100

Abbildung 3.4: Ausschnitt aus der Tabelle »MBEW«

Die Felder mit den Materialattributen werden weiterhin in den oben genannten Tabellen gespeichert, die aggregierten Werte jedoch nicht mehr laufend in diesen Tabellen aktualisiert. Sie kommen nun stattdessen aus dem Material-Ledger sowie aus der Tabelle *ACDOCA* (Buchungsbelegpositionen). Bei Lesezugriffen auf die oben aufgeführten Tabellen werden die Daten nach wie vor so geliefert, als ob tatsächlich Werte darin stünden. Dies wird wieder mittels CDS Views (zur Erklärung siehe Abschnitt 3.1) im Hintergrund realisiert. Lesezugriffe auf die Tabellen müssen also nicht umprogrammiert werden, Schreibzugriffe hingegen schon. Durch das Fehlen von aggregierten Daten und die im Hintergrund notwendigen Joins der Tabellen verschlechtert sich zudem die Performance; performancekritische Stellen in Programmen müssen deshalb ggf. überarbeitet werden.

SAP-Hinweise zum Material-Ledger

Der zentrale Hinweis zum Material-Ledger ist SAP-Hinweis 2267834. Die SAP-Hinweise 2337383 und 2337368 enthalten Details zur Datenmodellvereinfachung.

Tiefer wollen wir hier in das Thema nicht einsteigen. Stattdessen möchte ich Ihnen dazu ein Buch ans Herz legen: »Material Valuation and the Material Ledger in SAP S/4HANA« von Tom King (Espresso Tutorials, 2020).

3.5 Statistischer gleitender Durchschnittspreis

Beim Buchen von Warenbewegungen setzt das System eine *exklusive Sperre* auf Materialebene. Insbesondere zur Berechnung des gleitenden Durchschnittspreises (kurz: GLD-Preis) wird das Material gesperrt.

Hier muss ich als Erstes den Begriff der exklusiven Sperre erklären. Sie macht es unmöglich, dass gleichzeitig zwei oder mehr User ein Material ändern. Diese Option hat immer nur ein einziger. Diese Verfahrensweise senkt natürlich den Durchsatz an Änderungen, die zeitgleich realisierbar sind.

Das System berechnet also immer zunächst den gleitenden Durchschnittspreis, der aus der jeweils aktuellen Warenbewegung resultiert. Erst dann kann eine weitere Buchung für dasselbe Material vorgenommen und der neue gleitende Durchschnittspreis berechnet werden.

Diese Notwendigkeit besteht unter S/4HANA nach wie vor. Allerdings gibt es einen Unterschied zu SAP ECC, wo bei Verwendung der Bewertung nach dem Standardpreisverfahren für ein Material im Hintergrund bei jeder Buchung zu Informationszwecken der sogenannte *statistische gleitende Durchschnittspreis* berechnet wurde. Auch dafür (obwohl es sich nur um einen statistischen Wert handelt) wurde für das Material bei jeder Materialbewegung, die es betraf, eine exklusive Sperre gesetzt. Betrachtet man nur den Standardpreis, der konstant bleibt, ist eine Sperre auf Materialebene bei der Buchung von Materialbelegen an sich nicht notwendig.

Die Berechnung des statistischen gleitenden Durchschnittspreises und die daraus resultierende exklusive Sperre können Sie in S/4HANA unterbinden. Die Einstellung erfolgt unter SPRO • MATERIALWIRTSCHAFT • ALLGEMEINE EINSTELLUNGEN MATERIALWIRTSCHAFT • MATERIALSPERRE FÜR MATERIALBEWEGUNGEN EINSTELLEN.

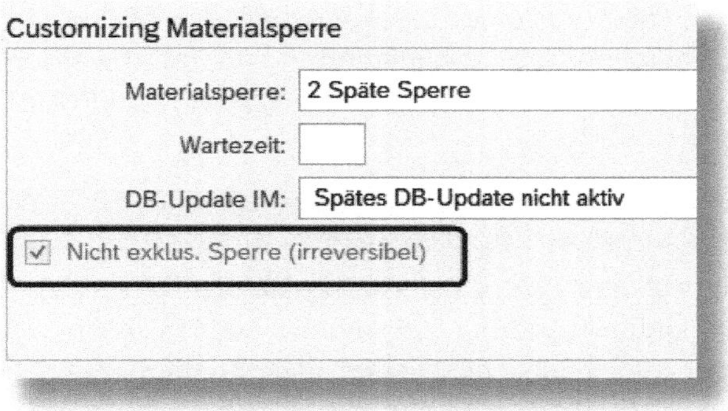

Customizing Materialsperre

Materialsperre: 2 Späte Sperre

Wartezeit:

DB-Update IM: Spätes DB-Update nicht aktiv

☑ Nicht exklus. Sperre (irreversibel)

Abbildung 3.5: Nicht exklusive Sperre im Customizing

Zu beachten ist, dass mit dem Setzen des entsprechenden Häkchens (siehe Abbildung 3.5) die parallele Berechnung des statistischen gleitenden Durchschnittspreises für Materialien mit Preissteuerung »S« komplett deaktiviert wird. Das Feld mit dem gleitenden Durchschnittspreis ist also bei Materialien mit Bewertung nach dem Standardpreisverfahren dann im Materialstamm (Transaktionen *MM01, MM02, MM03*) nicht mehr verfügbar. Auch andere Transaktionen, bei denen dieser Preis bislang angezeigt wurde, sind betroffen, z. B. die Transaktion *CKM3* – Materialpreisanalyse.

Wohlgemerkt ist hier der **statistische** gleitende Durchschnittspreis bei Materialien mit Preissteuerung »S« gemeint und nicht der gleitende Durchschnittspreis bei Preissteuerung »V« – dieser funktioniert immer noch wie gehabt. Er wird nach wie vor angezeigt, und die exklusiven Sperren bei Materialbewegungen sind in diesem Fall weiterhin notwendig.

Für Materialien mit Preissteuerung »S« bleiben bei Aktivierung der nicht exklusiven Sperre folgende Felder in Tabellen mit der Bewertungsinformation von Materialien (z. B. Tabelle *MBEW* - Materialbewertung) ungefüllt:

- Feld SALKV (Wert auf Basis des GLD-Preises – nur bei Preissteuerung »S«)
- Feld VERPR (gleitender Durchschnittspreis/periodischer Verrechnungspreis)

Zu beachten ist somit, dass vor einer Deaktivierung der exklusiven Sperre ggf. das kundeneigene Coding dahingehend überprüft werden muss, ob für Materialien mit Preissteuerung »S« die genannten Felder ausgewertet werden.

Statistisch gleitender Durchschnittspreis geht verloren!

Ist das Häkchen im Customizing bei Nicht exklus. Sperre (siehe Abbildung 3.5) einmal gesetzt, können Sie diese Einstellung nicht mehr rückgängig machen. Der statistische gleitende Durchschnittspreis geht damit für immer verloren!

Bei einer Migration von einem Altsystem ist das Häkchen zunächst nicht gesetzt. Nehmen Sie dagegen eine Neuimplementierung nach dem Greenfield-Ansatz vor, ist das Feld automatisch aktiviert, dabei handelt es sich um die Standardeinstellung unter S/4HANA. Die Wahlmöglichkeit entfällt somit!

SAP-Hinweis zum statistischen gleitenden Durchschnittspreis

Der relevante Hinweis zum statistischen gleitenden Durchschnittspreis und zur dafür notwendigen exklusiven Sperre hat die Nummer 2267835.

3.6 Verschärfte Prüfungen beim Wareneingang zu Anlieferungen

Unter SAP ECC gab es die in Abbildung 3.6 gezeigte optionale Einstellung der Belegflussfortschreibung im Customizing unter: SPRO • LOGISTICS EXECUTION • VERSAND • GRUNDLAGEN • GLOBALE VERSANDDATEN EINSTELLEN.

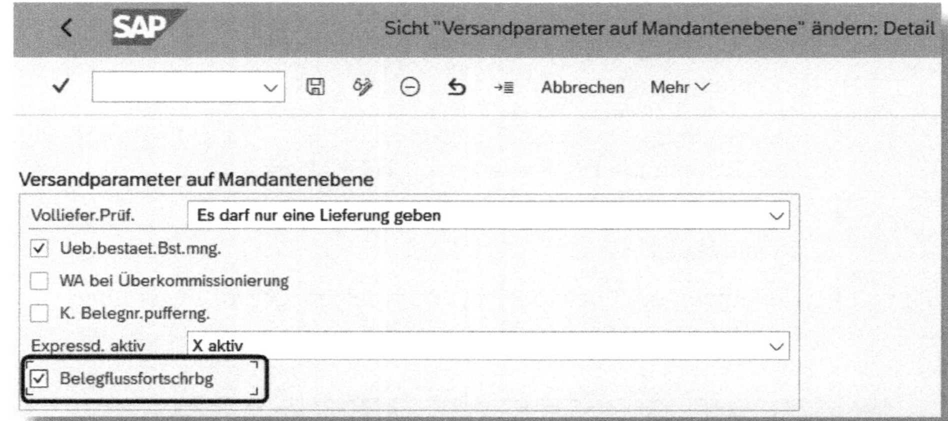

Abbildung 3.6: Aktivierung der Belegflussfortschreibung im Customizing

Wurde das Häkchen dort nicht gesetzt, so hatte dies folgende Konsequenz: Wenn Sie einen Wareneingang zur Anlieferung mit der Transaktion *MIGO* gebucht haben, wurden der Belegfluss der Anlieferung und deren Wareneingangsstatus nicht mit dem Materialbeleg zum Wareneingang fortgeschrieben. Nur wenn die Buchung des Wareneingangs in der Anlieferungstransaktion selbst (*VL32N*) erfolgte, wurde die Anlieferung entsprechend aktualisiert.

Unter S/4HANA ist dieses Kennzeichen obligatorisch; daraus folgt, dass SAP strengere Prüfungen durchführt, um die Konsistenz der Belege zu gewährleisten. Sollten Sie hier bisher mit Ungenauigkeiten ungeschoren davongekommen sein, wird dies nun nicht mehr der Fall sein, weil beispielsweise folgende Sachverhalte zu einer Fehlermeldung führen:

- Die Wareneingangsmenge darf nicht größer sein als die noch offene Menge in der Anlieferung.
- Der Lagerort beim Buchen des Wareneingangs muss zwingend mit demjenigen in der Anlieferung übereinstimmen.
- Chargen und Serialnummern beim Wareneingang müssen zwingend mit der Anlieferung übereinstimmen.

Deshalb besteht für Sie Handlungsbedarf, wenn mindestens eine der folgenden Bedingungen zutrifft:

- Sie haben die Business Function DIMP_SDUD nicht aktiviert. Dies können Sie mit Transaktion *SWF2* prüfen.
- Sie haben bisher nicht das in Abbildung 3.6 gezeigte Kennzeichen gesetzt.
- Sie nutzen die Funktionalität, Wareneingänge zur Anlieferung mit Transaktionen der Bestandsführung (z. B. *MIGO*) zu buchen.

SAP-Hinweis zur Belegflussfortschreibung

Weitere Informationen zu diesem Thema enthält der SAP-Hinweis 2542099.

3.7 Weitere geänderte oder obsolete Funktionalitäten in der Bestandsführung

Zusätzlich zu den bisher genannten Änderungen haben sich folgende Funktionalitäten geändert bzw. sind obsolet geworden:

- Die Funktionalität *Flexible Material Prices (FMP)* der Business Function /CWM/FMP der Industrielösung *IS-CWM* wird nicht mehr unterstützt. Ob Sie betroffen sind, können Sie prüfen, indem Sie ermitteln, ob in der Tabelle /FMP/D_MP_PRIC Einträge enthalten sind. Für Details siehe SAP-Hinweis 2414624.
- Wenn Sie von einem Lieferanten eine *Advanced Shipping Notification (ASN)* via IDoc erhalten (Nachrichtentyp DESADV, Vorgangscode DELS), wurde bisher der Funktionsbaustein IDOC_INPUT_DESADV1 angesteuert. Unter S/4HANA wurde dieser durch den Funktionsbaustein /SPE/IDOC_INPUT_DESADV1 ersetzt (der alte ist allerdings noch vorhanden und grundsätzlich auch noch verwendbar); siehe SAP-Hinweis 2404011. Der neue Funktionsbaustein unterstützt die Integration mit dem *Extended Warehouse Management* sowie Prozesse in der Automobilindustrie und im Ersatzteilmanagement.

4 Einkauf

Beide großen Themen in diesem Buch – der SAP-Geschäftspartner (siehe Abschnitt 2.1) und die neue S/4HANA-Ausgabesteuerung (siehe Kapitel 5) – sind relevant für den Einkauf. Die weiteren, kleineren Neuerungen lernen Sie in diesem Kapitel kennen.

4.1 Obsolete Transaktionen und Funktionalitäten

Auch im Einkauf sind einige Transaktionen weggefallen und durch neue ersetzt worden (siehe Tabelle 4.1).

Der Support für die alten Transaktionen wird endgültig eingestellt, deshalb erhalten Sie zukünftig eine Fehlermeldung, wenn Sie eine davon aufrufen wollen.

Transaktion alt	Funktion	Transaktion(en) neu
ME21	Bestellung hinzufügen	ME21N
ME22	Bestellung ändern	ME22N
ME23	Bestellung anzeigen	ME23N
ME24	Anhang zur Bestellung pflegen	ME21N, ME22N
ME25	Bestellung merken	ME21N
ME27	Umlagerungsbestellung anlegen	ME21N
ME28	Bestellung freigeben	ME29N
ME51	Bestellanforderung hinzufügen	ME51N
ME52	Bestellanforderung ändern	ME52N
ME53	Bestellanforderung anzeigen	ME53N
ME54	Bestellanforderung freigeben	ME54N
ME59	Automatische Bestellerzeugung	ME59N
MR01	Eingangsrechnung bearbeiten	MIRO
MR1M	Logistik-Rechnungsprüfung	MIRO

Tabelle 4.1: Obsolete und neue Transaktionen im Einkauf

Außerdem entfallen folgende BAPIs:

- BAPI_PO_CREATE
- BAPI_REQUISITION_CREATE
- BAPI_PO_GETDETAIL

SAP-Hinweise

Genaueres können Sie in den SAP-Hinweisen 2267449 und 1803189 nachlesen.

4.2 Berechtigungskonzept in der Eingangsrechnung

In S/4HANA wird beim Bearbeiten von Eingangsrechnungen auf Kopfebene ein zusätzliches Berechtigungsobjekt *M_RECH_BUK* geprüft. Das zugehörige Organisationsobjekt ist der Buchungskreis. Das zuvor existierende Berechtigungsobjekt M_RECH_WRK für die Positionsebene wird wie gehabt verwendet. Die SAP-Standardrollen wurden bereits entsprechend angepasst. Abbildung 4.1 zeigt die Rolle SAP_MM_IV_CLERK_ONLINE unter SAP ECC; in Abbildung 4.2 sehen Sie, wie ebendiese Rolle unter S/4HANA aussieht. Hier wurde das zusätzliche Berechtigungsobjekt schon eingefügt.

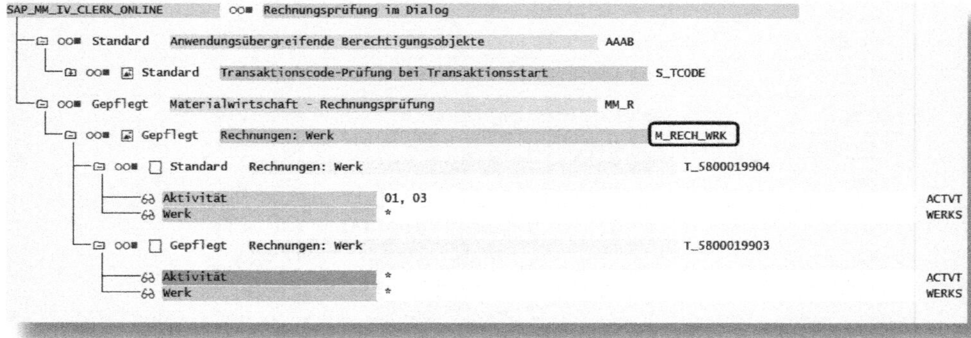

Abbildung 4.1: Rolle »SAP_MM_IV_CLERK_ONLINE«, SAP ECC

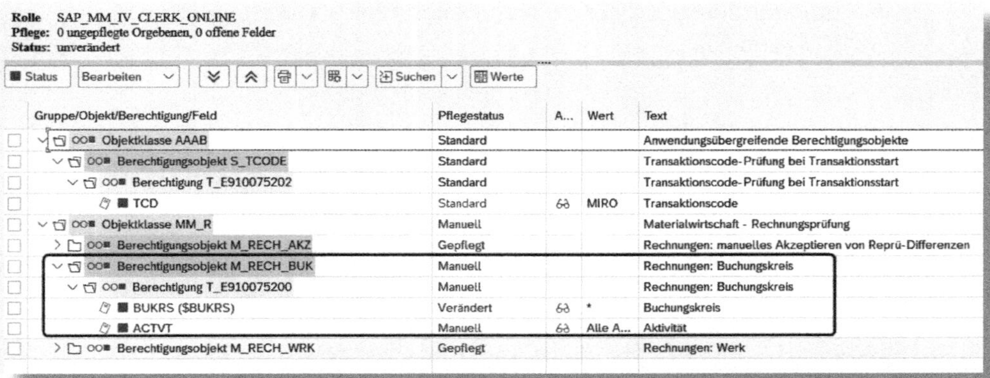

Abbildung 4.2: Rolle »SAP_MM_IV_CLERK_ONLINE«, SAP S/4HANA

Sie müssen also die bestehenden Rollen für die Bearbeitung der Eingangsrechnungen überprüfen und jeweils das Berechtigungsobjekt M_RECH_BUK einfügen, sonst können die betroffenen User keine Eingangsrechnungen mehr bearbeiten.

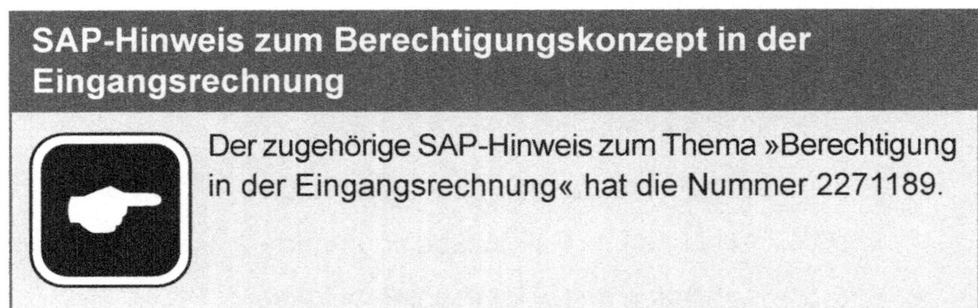

SAP-Hinweis zum Berechtigungskonzept in der Eingangsrechnung

Der zugehörige SAP-Hinweis zum Thema »Berechtigung in der Eingangsrechnung« hat die Nummer 2271189.

4.3 Foreign Trade im Einkauf

Derzeit gibt es zwei Optionen, internationale Handelsfunktionen abzuwickeln:

- *SAP Global Trade Services (GTS)*: Dabei handelt es sich um einen externen Service, den Sie auf einer zusätzlichen Instanz installieren können.

- Standardfunktionalität zum Außenhandel als Bestandteil von MM (und SD).

Unter S/4HANA haben Sie die Möglichkeit, den Standard nur für ausgewählte Funktionalitäten (wie z. B. Intrastat) zu verwenden. Für zusätzliche Funktionalitäten im Bereich Import und Export ist SAP GTS das strategische Tool.

SAP-Hinweis zu Foreign Trade

Die zugehörigen SAP-Hinweise zum Thema »Foreign Trade« haben die Nummern 2223144 und 2267310.

Es ist also nötig, dass Sie die relevanten Außenhandelsprozesse genau analysieren. Unter Umständen müssen Sie das Coding in ABAP-Programmen anpassen.

Außerdem fallen zahlreiche Transaktionen weg. Eine mehrseitige Auflistung finden Sie im Hinweis 2267310, hier nur einige wenige Beispiele:

- *VX99* – Außenhandel/Zoll: Gesamtüberblick
- *EN99* – Allgemeine Außenhandelsabwicklung
- *VI09X* – AH-Daten im Einkaufsbeleg ändern
- *VI08X* – AH-Daten im Einkaufsbeleg anzeigen
- *VI80X* – AH-Daten im Wareneingang ändern
- *VI79X* – AH-Daten im Wareneingang anzeigen
- *VIIM* – Außenhandel: Op. Cockpit: Bestellung
- *VIWE* – Außenhandel: Op. Cockpit: Wareneingang
- *VE85* – Ändern Grenzübergangswert – Import
- *VE86* – Anzeigen Grenzübergangswert – Import
- *VE02* – INTRASTAT: Formular – Deutschland
- *VE03* – INTRASTAT: File – Deutschland

4.4 Anfragen

Bisher konnten Sie in SAP nur Anfragen für einen spezifischen Lieferanten erfassen und diese dann eins zu eins in ein Angebot überführen. Das entspricht teilweise nicht den Anforderungen der Realität. Eine Neuerung werden Sie hier allerdings nur in Form von Fiori-Apps vorfinden. Mit deren Hilfe können Sie in Zukunft Anfragen ohne Lieferant an Plattformen zur Bezugsquellenfindung schicken und von dort mehrere Lieferantenangebote erhalten.

SAP-Hinweis zu Anfragen

Der zugehörige SAP-Hinweis zum Thema »Anfragen« hat die Nummer 2332710.

Folgende Transaktionen haben also keine strategische Bedeutung mehr, und es ist vorgesehen, sie abzulösen (siehe SAP-Hinweis 2332710):

- *ME41* – Anfrage anlegen
- *ME42* – Anfrage ändern
- *ME43* – Anfrage anzeigen
- *ME44* – Anhang zur Anfrage pflegen
- *ME45* – Anfrage freigeben
- *ME47* – Angebot pflegen
- *ME48* – Angebot anzeigen
- *ME49* – Angebotspreisspiegel
- *ME4B* – Anfragen zur Bedarfsnummer
- *ME4C* – Anfragen zur Warengruppe
- *ME4L* – Anfragen zum Lieferanten
- *ME4M* – Anfragen zum Material
- *ME4N* – Anfragen zur Anfragenummer
- *ME4S* – Anfragen zur Submission

Bei Drucklegung dieses Buches lassen sich diese Transaktionen in S/4HANA jedoch noch ohne Probleme aufrufen.

4.5 Lieferantenbeurteilung

Die unter SAP ECC verwendete Lieferantenbeurteilung basiert auf dem *Logistikinformationssystem (LIS)* und somit auf aggregierten Tabellen. Die Funktionalität steht nach wie vor zur Verfügung, wird aber von SAP nicht als strategische Zielfunktionalität betrachtet. Unter SAP S/4HANA können Sie für die Lieferantenbeurteilung Funktionalitäten, die zudem mehr analytische Visualisierungsoptionen als das LIS bieten, in Echtzeit nutzen. Sie basieren auf *CDS Views* (zur Definition siehe Abschnitt 3.1) und der *SAP-Smart-Business-Technologie* (ein Framework zur Visualisierung von Analysen). Die neue Lieferantenbeurteilung in S/4HANA arbeitet mit Noten. Diese können für folgende Kennzahlen berechnet werden:

- Lieferzeit
- Preis
- Menge (Abweichung zwischen Bestell- und Liefermenge)

Die Ermittlung der Noten erfolgt in Echtzeit, basierend auf folgenden Daten im System:

- Bestellungen
- Wareneingängen
- Rechnungen

Aggregierte Daten wie vorher im LIS sind somit nicht mehr erforderlich.

SAP-Hinweis zur Lieferantenbeurteilung

Die SAP-Hinweise zur Lieferantenbeurteilung in S/4HANA haben die Nummern 2267414, 2200411 und 2228247.

Wenn Sie die LIS-basierte Lieferantenbeurteilung nicht mehr nutzen wollen, muss der kundeneigene Quelltext von Programmen, die damit arbeiten, angepasst werden.

4.6 Datenmodell in der Preisfindung

Es gab einige Änderungen am Datenmodell für die Preisfindung. Dieses Thema ist im Vertrieb sehr relevant, aber auch im Einkauf findet dasselbe Konzept der Preisfindung Anwendung und hat ggf. Auswirkungen.

Ziel der Vereinfachung waren unter anderem die folgenden Aspekte:

- Die Anzahl der Kundenkonditionstabellen wurde in etwa verdoppelt.
- Die Anzahl der möglichen Zugriffe innerhalb einer Zugriffsfolge wurde von 99 auf 999 erhöht.
- Der Schlüssel einer Konditionstabelle darf nun 255 statt bisher 100 Zeichen lang sein.

Die wesentlichste Änderung besteht darin, dass statt der Tabelle KONV die neue Tabelle *PRCD_ELEMENTS* verwendet wird.

Unter SAP ECC war es so, dass die Preisinformationen zu einer Bestellung in der Tabelle KONV abgelegt wurden. Im Bestellkopf existierte das Feld EKKO-KNUMV, das mit einem eindeutigen Schlüssel gefüllt war. Auch in der Tabelle KONV war das Feld KNUMV enthalten, und so konnten Sie die Bestellung mit den Preisdaten auf Tabellenebene verknüpfen.

In Zukunft bleibt die Tabelle KONV leer. Sie existiert lediglich zum Zweck der Datendeklarationen, aber gefüllt (und migriert) werden die Daten in der Tabelle PRCD_ELEMENTS. Anders als beim neuen Datenmodell in der Bestandsführung (siehe Abschnitt 3.1) wird die alte Tabelle gar nicht mehr befüllt.

Auf den ersten Blick sieht die Tabelle PRCD_ELEMENTS fast genauso aus wie ihr Vorgänger KONV. Beim genaueren Hinsehen haben sich allerdings die Datenelemente bzw. teilweise die Feldlängen verändert. So wurde beispielsweise die Länge des Feldes KOLNR (Nummer des Zugriffs) von zwei auf drei Zeichen erhöht. Außerdem können Sie bei genauerem Hinsehen neue Felder entdecken, z. B. das Feld WAERK für die Währung des Vertriebs- bzw. in unserem Fall des Einkaufsbelegs.

Die Auswirkungen dieser Änderungen am Datenmodell sind vor allem technischer Natur, und es resultieren daraus beispielsweise folgende Aktivitäten:

- Wenn Sie bei der Tabelle KONV eine Append-Struktur ergänzen, müssen Sie diese nun auch der neuen Struktur *PRCS_ELEMENTS_DATA* sowie der CDS View *V_KONV* hinzufügen.
- Kundeneigene Programme müssen hinsichtlich der Zugriffe auf die Tabelle KONV überprüft werden. Alle INSERT-, MODIFY-, UPDATE- und DELETE-Anweisungen müssen überarbeitet werden. Sie können statt der Tabelle KONV die CDS View V_KONV verwenden, diese holt dann die entsprechenden Informationen aus der Tabelle PRCD_ELEMENTS.
- Das neue Feld WAERK für die Währung des Belegs in der Tabelle PRCD_ELEMENTS wird zunächst mit dem Dummy-Wert »2« gefüllt. Der Standardreport RC_MIG_POST_PROCESSING hilft Ihnen dabei, die tatsächliche Währung in das Feld zu schreiben.

SAP-Hinweise zur Änderung im Datenmodell für die Preisfindung

Hierzu lohnt es sich, einige relevante SAP-Hinweise zu studieren, z. B. 2267308 und 2267442. Eine ausführliche Dokumentation zu notwendigen Anpassungen auf technischer Ebene finden Sie im sehr detaillierten »Cookbook« als PDF-Anhang zum Hinweis 2220005.

4.7 Weitere geänderte und obsolete Funktionalitäten im Einkauf

Es gab unter SAP ECC weitere Funktionalitäten, die unter S/4HANA abgelöst werden. Der Vollständigkeit halber möchte ich sie hier aufführen:

- *Web-Dynpro-Anwendungen* sind nicht mehr verfügbar. Sie werden durch Fiori-Apps bzw. bestehende SAP-GUI-Transaktionen ersetzt, siehe SAP-Hinweise 2267445 und 2228261.
- *Web-Dynpro-Anwendungen* für Bestellanforderungen sind nicht mehr verfügbar. Betroffen sind CPPR – Sammelverarbeitung – sowie SPPR – Einzelverarbeitung, siehe SAP-Hinweis 2200412.
- *SAP Supplier Lifecycle Management (SAP SLC)* ist nicht mehr als Add-on nutzbar, nur Stand-alone-Implementierungen können weiter genutzt werden. Wenn Sie SAP SLC für die Lieferantenverteilung verwendet haben, müssen Sie es durch *MDG-S (Master Data Governance for Suppliers)* ersetzen (nicht Teil der SAP-S/4HANA-Lizenz). Ziel der SAP ist es, in Zukunft den vollen Funktionsumfang von SAP SLC in S/4HANA (zusammen mit SAP Ariba) bereitzustellen. Derzeit sind einzelne Funktionen des SAP SLC in SAP S/4HANA nicht verfügbar, z. B.:
    - Prozesse auf Lieferantenseite (wie z. B. Lieferantenregistrierung)
    - Lieferantenhierarchien
    - Zertifikatsverwaltung

  Die relevanten SAP-Hinweise zum Thema SAP SLC finden Sie unter den Nummern 2271188, 2267413 und 2267719.
- *ERP Shopping Cart* (Business Function LOG_MM_SSP_1) ist nicht mehr verfügbar, siehe SAP-Hinweise 2271168, 2228249 und 2200409.
- Das *SRM-Add-on* muss deinstalliert werden. Die Funktionalität der Beschaffung per Self Service ist in S/4HANA bereits integriert – allerdings, verglichen zu SAP ECC, mit eingeschränk-

ten Möglichkeiten, siehe SAP-Hinweis 2271166. Wenn Sie das Supplier Relationship Management auf einem anderen Client installiert haben, funktioniert es weiterhin, siehe SAP-Hinweis 2229738.

- Der *MDM-Katalog* ist nicht mehr verfügbar, siehe SAP-Hinweis 2271184.
- Zu *Internet Application Components (IAC)* siehe SAP-Hinweise 2267441 und 2228250.

Sollten Sie von diesen Themen betroffen sein, ziehen Sie bitte die SAP-Dokumentation und die entsprechenden Hinweise zurate.

5 Die S/4HANA-Ausgabesteuerung

Nach all den kürzeren Kapiteln mit relativ überschaubaren Neuerungen kommt zum Abschluss noch einmal ein Thema von großer Tragweite: die Verwendung der neuen Ausgabeverwaltung unter S/4HANA. Dies ist sowohl für den Einkauf als auch für die Bestandsführung relevant – in beiden Bereichen werden diverse Nachrichten ausgegeben. Anders als beispielsweise beim SAP-Geschäftspartner bleibt es in diesem Fall den jeweiligen Unternehmen überlassen, ob sie das neue Konzept nutzen oder bei der altvertrauten Ausgabesteuerung bleiben. Man kann dies sogar je Anwendungsobjekt unterschiedlich handhaben; so können Sie beispielsweise festlegen, dass Sie für Fakturen die neue Technologie verwenden und für Bestellungen das alte Konzept aktiviert lassen. Um Ihnen hier eine fundierte Entscheidungshilfe zu geben, möchte ich die neue Ausgabesteuerung in diesem Kapitel besonders detailliert und mit vielen Screenshots vorstellen.

SAP-Hinweise zur neuen Ausgabesteuerung

Im ausführlichen SAP-Hinweis 2228611, gültig für die Releases 1511 und 1610, wird darauf verwiesen, dass ab S/4HANA 1709 die Standarddokumentation unter *help.sap.com* zurate gezogen werden soll. Damit sollten Sie sich auf jeden Fall beschäftigen. Sehr informativ ist der FAQ-Hinweis 2791338 mit zwei lesenswerten PDF-Anhängen. Ansonsten können Sie noch den Hinweis 2470711 lesen, außerdem für die neue Ausgabesteuerung im Hinblick auf die Bestandsführung den Hinweis 2524991 und für den Einkauf die Hinweise 2267444 und 2442696.

Wie bereits erwähnt, ist der Einsatz der neuen Ausgabesteuerung optional – zumindest für die in diesem Buch behandelte S/4HANA-On-Premise-Ausgabe sowie für die S/4HANA Cloud Single Tenant Edition.

Für die S/4HANA-Cloud-Ausgabe ist die Verwendung des neuen Ausgabemanagements dagegen verpflichtend, siehe auch SAP-Hinweis 2791338.

NAST-Ausgabesteuerung

NAST ist die Tabelle, in der bisher die gefundenen Nachrichten gespeichert werden. Daher werde ich im Folgenden für die »alte« Ausgabesteuerung den Begriff »NAST-Ausgabesteuerung« verwenden. Gemeint ist damit z. B. die Ausgabesteuerung in der Materialwirtschaft und im Vertrieb oder die Nachrichtenverwaltung in der Produktionsplanung.

Alle bisherigen Ausgabeverwaltungslösungen der einzelnen Geschäftsanwendungen stehen Ihnen nach wie vor zur Verfügung.

Die SAP betont explizit, dass nicht geplant ist, den Support für diese Lösungen einzustellen (siehe SAP-Hinweis 2470711). Allerdings geht die strategische Ausrichtung der SAP in Richtung der S/4HANA-Ausgabesteuerung. Nur hier wird zukünftig in Innovationen investiert.

Die neue Ausgabeverwaltung bietet folgende potenziellen Vorteile, die Sie im Laufe des Kapitels noch näher kennenlernen werden:

- Die SAP strebt an, in möglichst vielen Geschäftsanwendungen eine einheitliche Technologie für die Ausgabesteuerung zu verwenden.
- Die neue Ausgabesteuerung ist eine Cloud-basierte Lösung.
- Fiori-Apps lassen sich nahtlos integrieren.
- Je Ausgabeart können mehrere Kanäle bedient werden. Waren in der NAST-Ausgabesteuerung mehrere Nachrichtenarten notwendig, um beispielsweise denselben Beleg zu drucken und zugleich per EDI auszugeben, erfolgt dies nun über eine einzige Ausgabeart.

- Die E-Mail-Konfiguration wird anpassungsfähiger. Es ist möglich, Empfänger- und Absender-E-Mail-Adressen flexibel vorzugeben. Außerdem können Betreff und Nachrichtentext der E-Mail individuell gestaltet werden (inklusive der Verwendung von Variablen).
- Die neue Ausgabesteuerung ist gut mit dem Konzept des SAP-Geschäftspartners integriert.
- Es sind keine ABAP-Kenntnisse notwendig, um die S/4HANA-Ausgabesteuerung einzustellen.

Allerdings müssen Sie bei Verwendung der neuen Ausgabesteuerung auch mit Einschränkungen leben:

- IDocs werden nur begrenzt unterstützt. Lediglich bei Geschäftsanwendungen, die **vorher** auf der NAST-Ausgabesteuerung basierten, ermöglicht die neue Ausgabeverwaltung die IDoc-Erzeugung. Eine geschäftspartnerorientierte Kommunikation via IDocs ist möglich, aber keine Kommunikation mit logischen Systemen und auch nicht die Technologie ALE.
- Die folgenden aus SAP ECC bekannten Sendemedien werden nicht mehr unterstützt (siehe Abbildung 5.1 für die Möglichkeiten unter SAP ECC):
  - 2 Telefax
  - 4 Telex
  - 8 Sonderfunktion
  - 9 Ereignisse (SAP Business Workflow)
  - A Verteilung (ALE)
  - T Aufgaben (SAP Business Workflow)

Die SAP plant laut eigener Aussage nicht, diese Sendemedien in Zukunft in die S/4HANA-Ausgabesteuerung aufzunehmen. Die neue Ausgabesteuerung fokussiert sich gänzlich auf die Ausgabe von Daten an den SAP-Geschäftspartner.

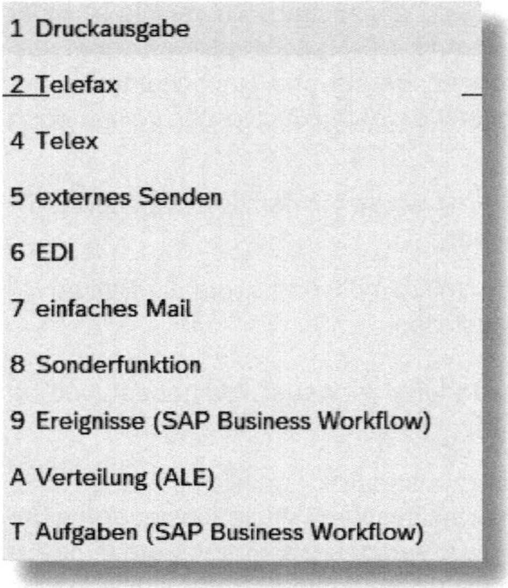

1 Druckausgabe

2 Telefax

4 Telex

5 externes Senden

6 EDI

7 einfaches Mail

8 Sonderfunktion

9 Ereignisse (SAP Business Workflow)

A Verteilung (ALE)

T Aufgaben (SAP Business Workflow)

Abbildung 5.1: Sendemedien in SAP ECC

5.1 Aktivierung der neuen Ausgabesteuerung je Geschäftsanwendung

Die neue Ausgabesteuerung können Sie im Customizing unter SPRO • Anwendungsübergreifende Komponenten • Ausgabesteuerung • Aktivierung des Anwendungsobjekttyps verwalten je Geschäftsanwendung aktivieren (siehe Abbildung 5.2). Derzeit sind folgende im Einkauf bzw. in der Bestandsführung relevanten Anwendungen verfügbar:

- Lieferplanabrufe
- Lieferplan
- Bestellung
- Einkaufskontrakt
- Inventur
- Warenbewegung

Aktivierung des Anwendungsobjekttyps

Anwendungsobjekttyp	Text	Status
BILLING_DOCUMENT	Faktura	1 Applikation aktiv
GOODS_MOVEMENT	Warenbewegung	2 Anwendung inaktiv
PURCHASE_CONTRACT	Einkaufskontrakt	1 Applikation aktiv
PURCHASE_ORDER	Bestellung	1 Applikation aktiv
SCHEDULING_AGREEMENT	Lieferplan	2 Anwendung inaktiv
SCHEDULING_AGREEMENT_RELEASES	Lieferplanabrufe	2 Anwendung inaktiv
SUMMARIZED_JIT_CALL	Mengenabruf	2 Anwendung inaktiv

Abbildung 5.2: Aktivierung der neuen Ausgabesteuerung je Geschäftsanwendung im Customizing

Aktivierung betrifft nur neue Belege

Sobald Sie die neue Ausgabesteuerung aktivieren, werden ab diesem Zeitpunkt angelegte Dokumente damit bearbeitet. Dokumente, die einem anderen Ausgabesteuerungskonzept (beispielsweise der NAST-Ausgabesteuerung in der Bestellung) unterliegen, werden nach wie vor über die alte Form der Ausgabesteuerung abgewickelt. Sollten Sie nach einer Weile merken, dass die S/4HANA-Ausgabesteuerung doch nicht Ihren Wünschen entspricht, können Sie die Aktivierung rückgängig machen. Ab diesem Zeitpunkt laufen neue Belege wieder über die NAST-Ausgabesteuerung . Die zuvor bereits mit der S/4HANA-Ausgabesteuerung angelegten Belege behalten diese bei.

Wenn Sie in der Transaktion *SM30* die View APOC_I_OBJ_TYPEV aufrufen, können Sie ermitteln, welche Anwendungsobjekttypen prinzipiell unterstützt werden (siehe Abbildung 5.3). Wenn in der Spalte AktivModus die Angabe Nie aktiv steht, bedeutet das, dass die S/4HANA-Ausgabesteuerung nicht verwendbar ist. Beispielsweise ist diese nicht für Lieferantenrechnungen zu nutzen.

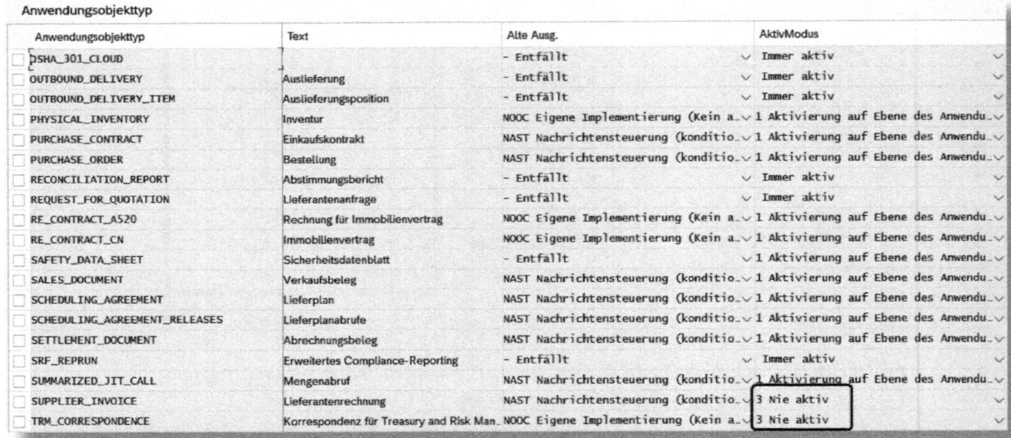

Anwendungsobjekttyp

Anwendungsobjekttyp	Text	Alte Ausg.	AktivModus
DSHA_301_CLOUD		- Entfällt	Immer aktiv
OUTBOUND_DELIVERY	Auslieferung	- Entfällt	Immer aktiv
OUTBOUND_DELIVERY_ITEM	Auslieferungsposition	- Entfällt	Immer aktiv
PHYSICAL_INVENTORY	Inventur	NOOC Eigene Implementierung (Kein a…	1 Aktivierung auf Ebene des Anwendu…
PURCHASE_CONTRACT	Einkaufskontrakt	NAST Nachrichtensteuerung (konditio…	1 Aktivierung auf Ebene des Anwendu…
PURCHASE_ORDER	Bestellung	NAST Nachrichtensteuerung (konditio…	1 Aktivierung auf Ebene des Anwendu…
RECONCILIATION_REPORT	Abstimmungsbericht	- Entfällt	Immer aktiv
REQUEST_FOR_QUOTATION	Lieferantenanfrage	- Entfällt	Immer aktiv
RE_CONTRACT_A520	Rechnung für Immobilienvertrag	NOOC Eigene Implementierung (Kein a…	1 Aktivierung auf Ebene des Anwendu…
RE_CONTRACT_CN	Immobilienvertrag	NOOC Eigene Implementierung (Kein a…	1 Aktivierung auf Ebene des Anwendu…
SAFETY_DATA_SHEET	Sicherheitsdatenblatt	- Entfällt	1 Aktivierung auf Ebene des Anwendu…
SALES_DOCUMENT	Verkaufsbeleg	NAST Nachrichtensteuerung (konditio…	1 Aktivierung auf Ebene des Anwendu…
SCHEDULING_AGREEMENT	Lieferplan	NAST Nachrichtensteuerung (konditio…	1 Aktivierung auf Ebene des Anwendu…
SCHEDULING_AGREEMENT_RELEASES	Lieferplanabrufe	NAST Nachrichtensteuerung (konditio…	1 Aktivierung auf Ebene des Anwendu…
SETTLEMENT_DOCUMENT	Abrechnungsbeleg	NAST Nachrichtensteuerung (konditio…	1 Aktivierung auf Ebene des Anwendu…
SRF_REPRUN	Erweitertes Compliance-Reporting	- Entfällt	Immer aktiv
SUMMARIZED_JIT_CALL	Mengenabruf	NAST Nachrichtensteuerung (konditio…	1 Aktivierung auf Ebene des Anwendu…
SUPPLIER_INVOICE	Lieferantenrechnung	NAST Nachrichtensteuerung (konditio…	3 Nie aktiv
TRM_CORRESPONDENCE	Korrespondenz für Treasury and Risk Man…	NOOC Eigene Implementierung (Kein a…	3 Nie aktiv

Abbildung 5.3: View »APOC_I_OBJ_TYPEV«

Die View finden Sie allerdings nur unter S/4HANA. Wenn Sie für Ihre Analysen kein solches System zur Verfügung haben, können Sie für eine erste Orientierung den SAP-Hinweis 2248229 konsultieren. Den Anhängen zu diesem Hinweis können Sie rudimentär entnehmen, für welche Businessobjekte XML-Dateien existieren, um die notwendigen Einstellungen für BRFplus (dieses lernen Sie in Abschnitt 5.4 kennen) hochzuladen.

5.2 Wie sieht die Ausgabesteuerung (alt versus neu) in Belegen aus?

Wie Sie in Abschnitt 5.1 erfahren haben, verändert die Aktivierung der S/4HANA-Ausgabesteuerung die bereits existierenden Belege nicht. Schauen wir uns das konkret am Beispiel der Bestellung an.

NAST-Ausgabesteuerung

In der alten NAST-Ausgabesteuerung sieht das Vorgehen so aus: Direkt beim Anlegen der Bestellung können Sie auf den Button Druckansicht klicken (siehe Abbildung 5.4), dann erscheint eine Ansicht des Formulars. Außerdem können Sie über Nachrichten in die Details der Nachrichtenfindung verzweigen. Abbildung 5.5 zeigt die Detailansicht.

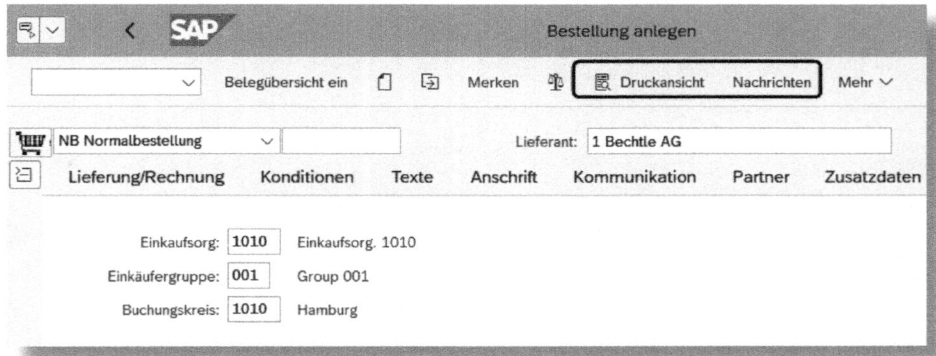

Abbildung 5.4: Buttons »Druckansicht« und »Nachrichten« bei Verwendung der NAST-Ausgabesteuerung

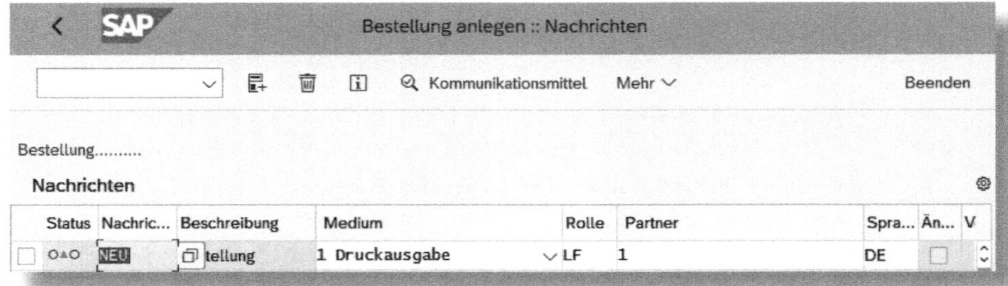

Abbildung 5.5: Nachrichtendetail bei Verwendung der NAST-Ausgabesteuerung

Darüber hinaus steht (zumindest beim Anlegen und im Änderungsmodus) die Funktionalität der *Findungsanalyse* zur Verfügung. Sie hilft Ihnen, den Fehler zu finden, wenn die Nachrichtenfindung sich anders verhält als erwartet. Je nach Sendemedium sind über den Button Kommunikationsmittel unterschiedliche Details sichtbar. Abbildung 5.6 zeigt das Detailbild zum Sendemedium *Druckausgabe*.

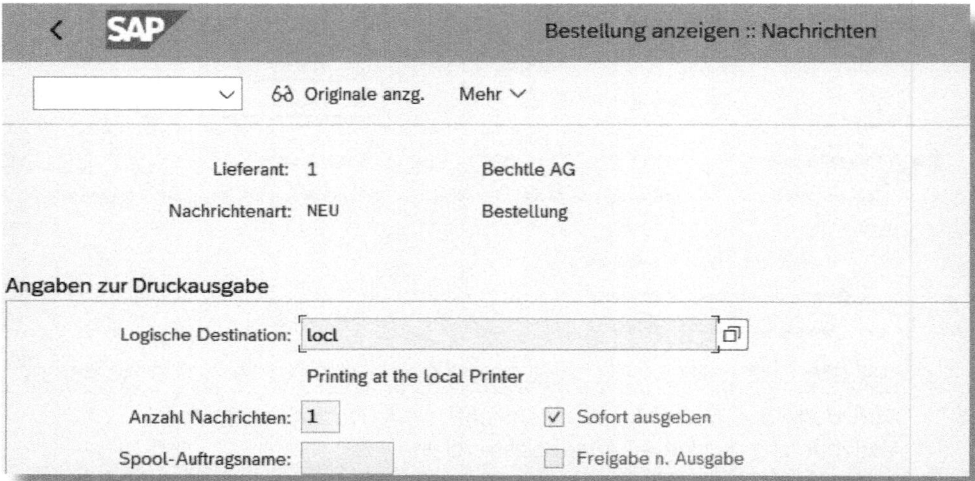

Abbildung 5.6: Detailanzeige zum Sendemedium »Druckausgabe«

Beim Sendemedium *externes Senden*, das Sie für E-Mails verwenden, sind, wie aus Abbildung 5.7 hervorgeht, keine spannenden weiteren Felder zu sehen außer Komm.strategie. Die Kommunikationsstrategie steuert, was passieren soll, wenn keine E-Mail-Adresse gefunden wurde (z. B. Druckausgabe als zweite Wahl). Man kann hier also keinen Absender oder eine Empfänger-E-Mail-Adresse angeben. Diese Adressen werden in der NAST-Ausgabesteuerung nach einer Standardlogik ermittelt und können hier nicht beeinflusst werden. Wir werden weiter unten sehen, dass das mit der S/4HANA-Ausgabesteuerung beim E-Mail-Versand anders aussieht (siehe Abbildung 5.12).

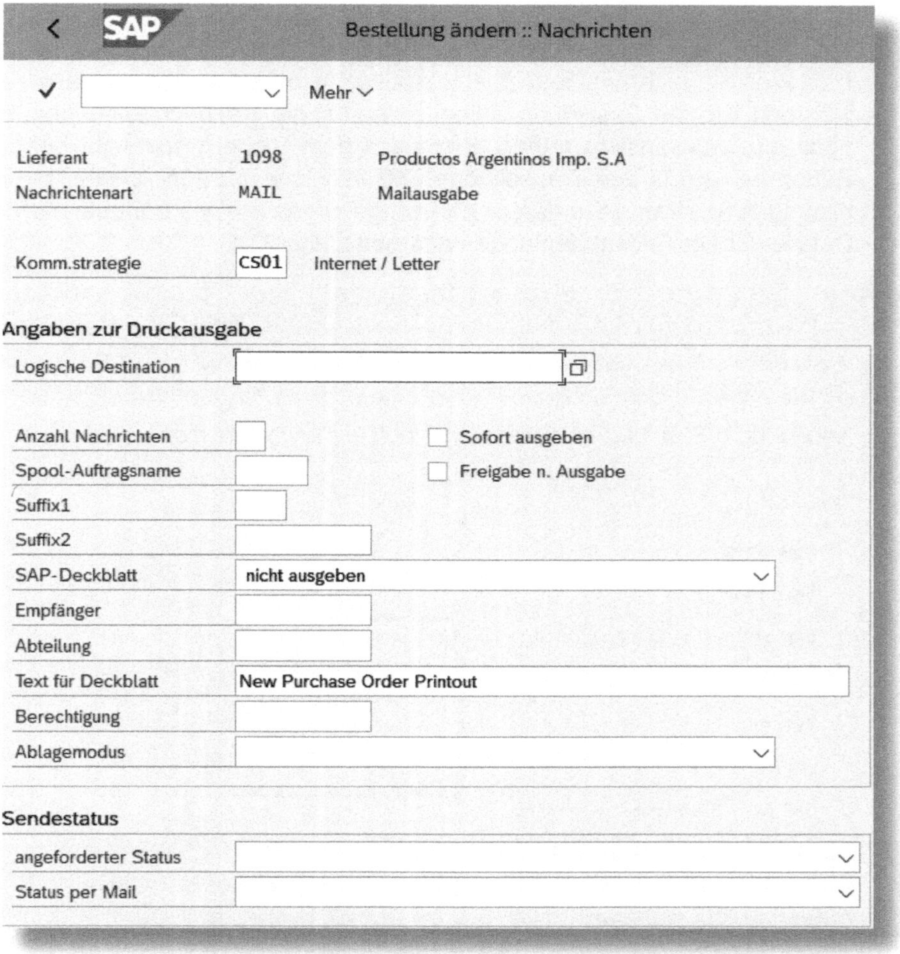

Bestellung ändern :: Nachrichten

Mehr

Lieferant 1098 Productos Argentinos Imp. S.A

Nachrichtenart MAIL Mailausgabe

Komm.strategie CS01 Internet / Letter

Angaben zur Druckausgabe

Logische Destination

Anzahl Nachrichten

Sofort ausgeben

Spool-Auftragsname

Freigabe n. Ausgabe

Suffix1

Suffix2

SAP-Deckblatt nicht ausgeben

Empfänger

Abteilung

Text für Deckblatt New Purchase Order Printout

Berechtigung

Ablagemodus

Sendestatus

angeforderter Status

Status per Mail

Abbildung 5.7: Detailbild zum Sendemedium »externes Senden«

Ausgabesteuerung unter S/4HANA

Und nun wollen wir uns anschauen, was sich ändert, wenn die neue S/4HANA-Ausgabesteuerung aktiviert ist. Zunächst einmal fällt auf, dass beim Anlegen der Bestellung mit der Transaktion *ME21N* der

Button »Nachrichten« fehlt (siehe Abbildung 5.8). Auch wenn Sie über das Menü navigieren möchten, sind die Optionen Nachrichten und Druckansicht nicht wählbar (siehe Abbildung 5.9). Sie können also, während Sie die Bestellung anlegen, weder die Nachrichtenfindung noch die Druckansicht prüfen. Erst nach dem Sichern erscheint der Button Nachrichten in den Transaktionen *ME22N* bzw. *ME23N* (siehe Abbildung 5.10). Wenn Sie darauf klicken, gelangen Sie wie früher in die Details der Nachrichtenfindung (siehe Abbildung 5.11).

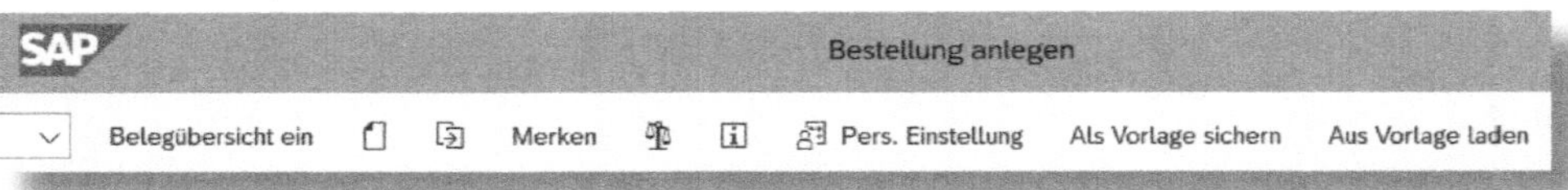

Abbildung 5.8: Button »Nachrichten« fehlt in der Transaktion »ME21N«

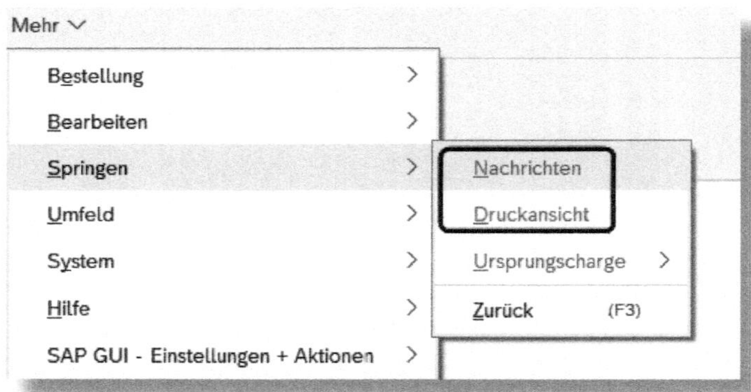

Abbildung 5.9: Optionen »Nachrichten« und »Druckansicht« beim Anlegen nicht wählbar

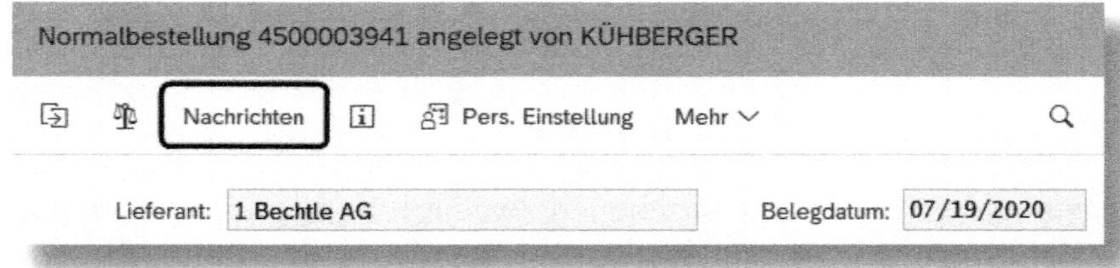

Abbildung 5.10: Button »Nachrichten« erscheint in der Transaktion »ME22N«

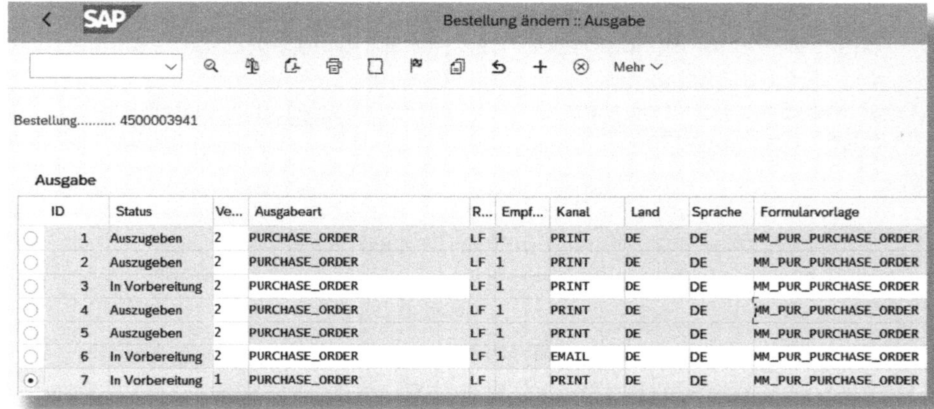

Bestellung ändern :: Ausgabe

Mehr

Bestellung.......... 4500003941

Ausgabe

ID	Status	Ve...	Ausgabeart	R...	Empf...	Kanal	Land	Sprache	Formularvorlage
1	Auszugeben	2	PURCHASE_ORDER	LF	1	PRINT	DE	DE	MM_PUR_PURCHASE_ORDER
2	Auszugeben	2	PURCHASE_ORDER	LF	1	PRINT	DE	DE	MM_PUR_PURCHASE_ORDER
3	In Vorbereitung	2	PURCHASE_ORDER	LF	1	PRINT	DE	DE	MM_PUR_PURCHASE_ORDER
4	Auszugeben	2	PURCHASE_ORDER	LF	1	PRINT	DE	DE	MM_PUR_PURCHASE_ORDER
5	Auszugeben	2	PURCHASE_ORDER	LF	1	PRINT	DE	DE	MM_PUR_PURCHASE_ORDER
6	In Vorbereitung	2	PURCHASE_ORDER	LF	1	EMAIL	DE	DE	MM_PUR_PURCHASE_ORDER
7	In Vorbereitung	1	PURCHASE_ORDER	LF		PRINT	DE	DE	MM_PUR_PURCHASE_ORDER

Abbildung 5.11: Nachrichten in der Bestellung

Hier ist nun auch die Option der Druckansicht verfügbar, und zwar über den Button .

Wenn Sie die jeweilige Zeile markieren und auf klicken, erscheinen Detailinformationen. Handelt es sich um eine Ausgabe per E-Mail, erscheint das in Abbildung 5.12 gezeigte Detailbild.

Kanaldetails: E-Mail

Absender:	info@espresso.de
An:	Consulting@ckuehberger.de
Cc:	
Bcc:	
E-Mail-Vorlage:	MM_PUR_PO_DEFAULT_TEMPLATE
E-Mail-Betreff:	

Abbildung 5.12: Detailbild bei E-Mail-Ausgabe

Anders als bei der NAST-Ausgabesteuerung können Sie jetzt in letzter Instanz die ermittelte E-Mail-Adresse (Absender und Empfänger), die E-Mail-Formularvorlage und den Betreff ändern bzw. die entsprechenden Felder manuell füllen. Die E-Mail-Formularvorlage bestimmt, wie der Nachrichtentext der Mail aussieht; dies werden Sie in Abschnitt 5.4.6 kennenlernen. Das sind ganz neue Möglichkeiten, die es zuvor nicht gab.

Handelt es sich um eine Druckausgabe, sieht das Detailbild aus wie in Abbildung 5.13 gezeigt. Hier geben Sie die Anzahl der Kopien und die Druckerwarteschlange an.

Ausgabeart:	PURCHASE_ORDER	Bestellung
Abs.:	1010	Einkaufsorg. 1010 ()
Absenderland:	DE	Deutschland
Rolle:	LF	
Empfänger:		
Formularvorlage:	MM_PUR_PURCHASE_ORDER	
Formularland:	DE	Deutschland
Formularsprache:	DE	Deutsch
Kanal:	PRINT	Druck
Status:	1	In Vorbereitung
Zuletzt geändert am:	00/00/0000 00:00:00	

Kanaldetails: Druck

Anzahl der Kopien:	1
Druckwarteschlange:	LP01

Abbildung 5.13: Detailbild für Druckausgabe

5.3 Ausgabearten

Wo früher von der Nachrichtenart die Rede war, verwendet die S/4HANA-Ausgabesteuerung den Begriff *Ausgabeart*. Zumindest in der Regel; die SAP hat die neue Namensgebung nicht gänzlich konsequent durchgehalten. Das Wort ist selbsterklärend: eine Möglichkeit, wie der Geschäftsbeleg ausgegeben wird.

Ausgabearten können Sie im Customizing unter SPRO • ANWENDUNGSÜBERGREIFENDE KOMPONENTEN • AUSGABESTEUERUNG • AUSGABEARTEN DEFINIEREN einsehen bzw. neu definieren. Einem Anwendungsobjekttyp (wie beispielsweise einem Materialbeleg oder einer Bestellung) können Sie mehrere Ausgabearten zuordnen. In Abbildung 5.14 sehen Sie die vorhandenen Ausgabearten zu Bestellungen bzw. Kontrakten.

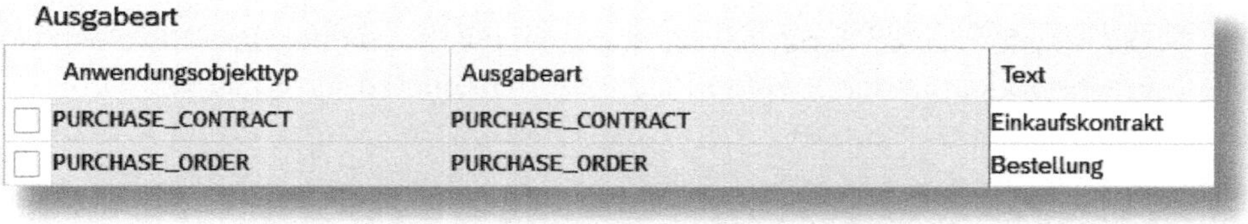

Ausgabeart

Anwendungsobjekttyp	Ausgabeart	Text
PURCHASE_CONTRACT	PURCHASE_CONTRACT	Einkaufskontrakt
PURCHASE_ORDER	PURCHASE_ORDER	Bestellung

Abbildung 5.14: Ausgabearten zu Bestellung und Kontrakt

In jeder Ausgabeart muss eine sogenannte *Callback-Klasse* eingetragen werden. Diese sehen Sie, wenn Sie einen der in Abbildung 5.14 gezeigten Customizing-Einträge markieren und auf den Button klicken. Es erscheint das in Abbildung 5.15 gezeigte Detailbild.

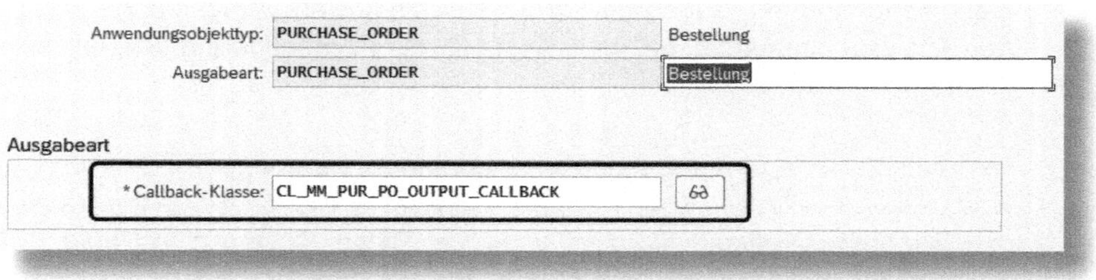

Anwendungsobjekttyp: PURCHASE_ORDER Bestellung
Ausgabeart: PURCHASE_ORDER Bestellung

Ausgabeart
*Callback-Klasse: CL_MM_PUR_PO_OUTPUT_CALLBACK

Abbildung 5.15: Callback-Klasse in der Ausgabeart

Solch eine Klasse muss auch ausprogrammiert und an dieser Stelle eingetragen werden, wenn Sie eine neue Ausgabeart definieren. Sie ermöglicht kundeneigene Programmierungen, beispielsweise Berechtigungsprüfungen oder die Definition von Bedingungen, die für eine bestimmte Ausgabeart erfüllt sein müssen.

In einigen Szenarien, für die man in der NAST-basierten Ausgabesteuerung eine neue Nachrichtenart angelegt hätte, ist dieses Vorgehen bei Verwendung der S/4HANA-Ausgabesteuerung nicht nötig. Beispielsweise hätte man in der herkömmlichen Ausgabesteuerung jeweils eine eigene Nachricht für die E-Mail- und Druckausgabe angelegt, wenn diese gleichzeitig in einem Beleg erzeugt werden sollten. Für diesen Anwendungsfall ist nun nur noch eine einzige Ausgabeart erforderlich, für die zeitgleich mehrere Ausgaben an verschiedene Kanäle erfolgen können.

Die meisten kundeneigenen Anforderungen können über das BRFplus Framework abgedeckt werden, das Sie im nächsten Abschnitt kennenlernen.

5.4 Business Rule Framework plus

Während die NAST-Ausgabesteuerung auf der in SAP vielfach verwendeten Konditionstechnik basiert, nutzt die neue Ausgabesteuerung *BRFplus (Business Rule Framework plus)*. Es werden sogenannte *Geschäftsregeln* definiert. Dieses Framework steuert nicht nur die Nachrichtenfindung, sondern wird flexibel bei vielen verschiedenartigen Themen eingesetzt, beispielsweise für die Kontenfindung, Steuerfindung oder Ähnliches.

Den Link zur Pflege der Geschäftsregeln finden Sie unter SPRO • Anwendungsübergreifende Komponenten • Ausgabesteuerung • Geschäftsregeln für Ausgabeparameterfindung definieren. Dieser Customizing-Punkt ist im allerweitesten Sinne mit der Pflege der Konditionssätze in der NAST-Ausgabesteuerung vergleichbar.

Damit dieser Customizing-Punkt richtig funktioniert, sind vorab einige administrative und technische Aktivitäten notwendig. Dies wollen wir in diesem Buch jedoch nicht vertiefen (für technische Details siehe SAP-Hinweis 2248229). Wir gehen davon aus, dass bereits alle Vorarbeiten für die Verwendung von BRFplus zur Ausgabesteuerung erledigt sind.

Sehen wir uns das Einrichten der Geschäftsregeln erst einmal oberflächlich am Beispiel der Bestellung an. In den nachfolgenden Abschnitten wollen wir dann in die Thematik eintauchen.

Steigt man in das Customizing der Geschäftsregeln ein, öffnet sich erst einmal ein Browserfenster mit der AUSGABEPARAMETERFINDUNG (siehe Abbildung 5.16). In der Drop-down-Liste des Feldes ZEIGE REGELN FÜR können Sie das jeweilige Anwendungsobjekt wählen, in unserem Fall *Bestellung*.

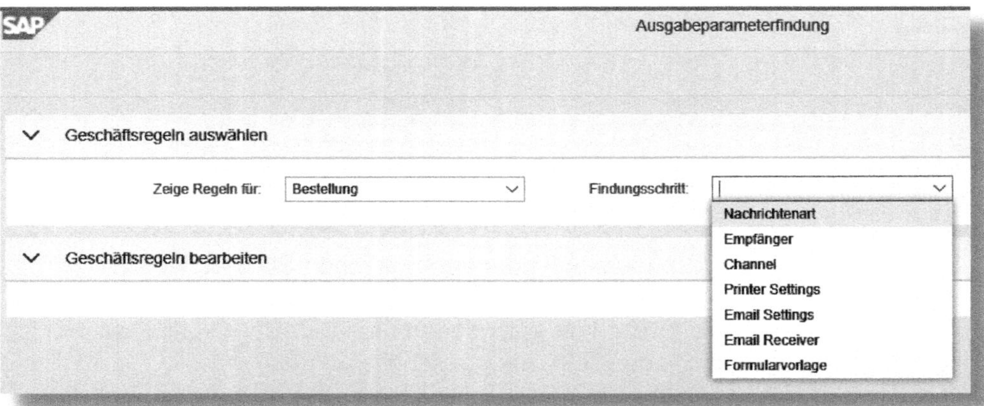

Abbildung 5.16: Einstieg in die Geschäftsregeln

Nun sind für die Ausgabesteuerung bis zu sieben Schritte auszuführen; diese finden sich in der Drop-down-Liste des Feldes FINDUNGSSCHRITT. Der Wechsel zwischen den Schritten geschieht durch die Wahl eines anderen Eintrags. Die sieben Schritte will ich Ihnen kurz vorstellen:

- *Nachrichtenart:* Hier definieren Sie, welche Ausgabearten unter welcher Bedingung gefunden werden sollen. Außerdem legen Sie hier den Versandzeitpunkt fest. Als Versandzeitpunkte werden nur noch *Sofort* oder *Eingeplant* als Hintergrundjob unterstützt. Abbildung 5.17 zeigt beispielhaft, dass in diesem Fall für die Belegart der Bestellung *NB* und *ZPAR* die Ausgabeart *PURCHASE_ORDER* gefunden werden soll.

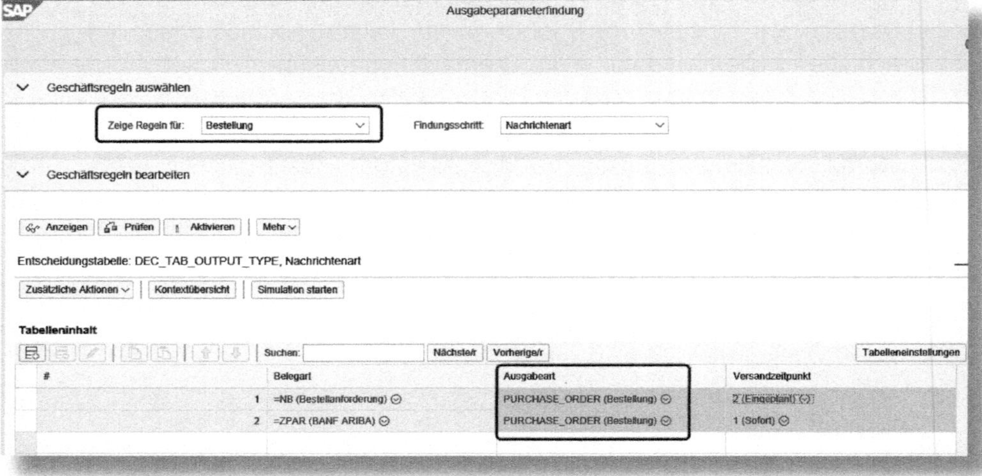

Abbildung 5.17: Findungsschritt »Nachrichtenart«

- *Empfänger:* In diesem Findungsschritt legen Sie fest, wer der Empfänger der Nachricht sein soll. In unserem Beispiel (siehe Abbildung 5.18) soll die Ausgabeart *PURCHASE_ORDER* an die Rolle *LF* in der Bestellung gesendet werden.
- *Channel:* Hier bestimmen Sie, über welchen Kanal die Nachricht unter welchen Voraussetzungen versandt werden soll. Beispielsweise können Sie für verschiedene Empfänger unterschiedliche Kanäle definieren (siehe Abbildung 5.19). Mögliche Kanäle sind *EDI*, *EMAIL*, *IDOC*, *PRINT* und *XML*. Achtung: Fax wird hier nicht mehr unterstützt!

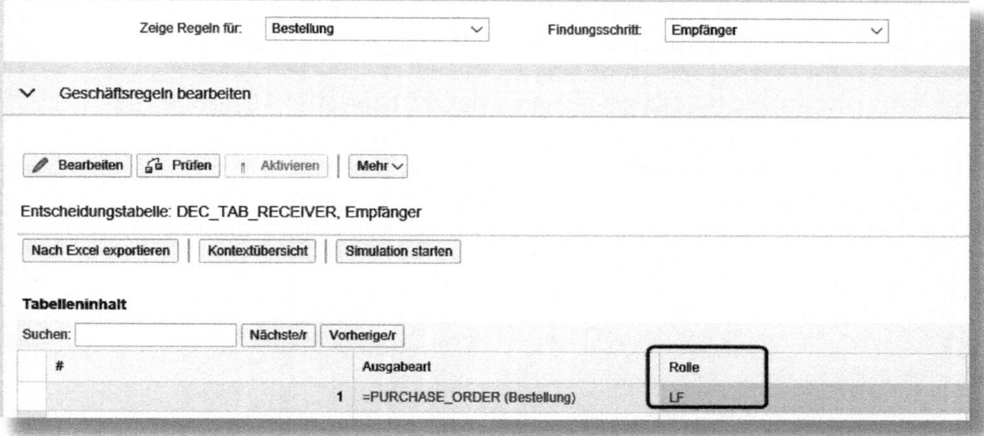

Abbildung 5.18: Findungsschritt »Empfänger«

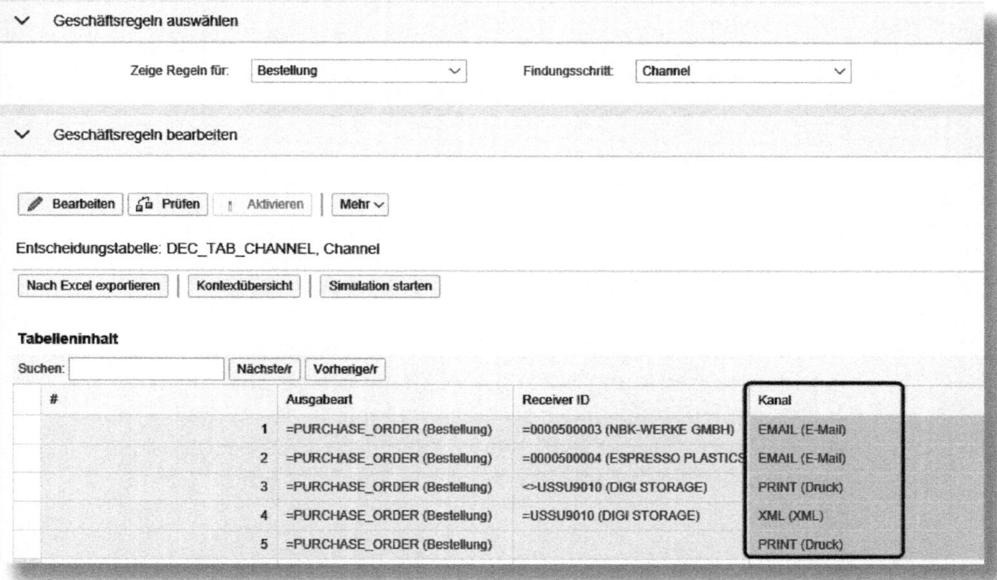

Abbildung 5.19: Findungsschritt »Channel«

- *Printer Settings:* Über diesen Punkt definieren Sie, welche Druckerwarteschlange unter welchen Bedingungen angesteuert wird. Im Beispiel aus Abbildung 5.20 wird die Druckerwarteschlange vorrangig je Lieferant und auf zweiter Ebene je Einkaufsorganisation festgelegt. Diesen Findungsschritt beachtet das System nur, wenn als Channel der Kanal *PRINT* ermittelt wurde.

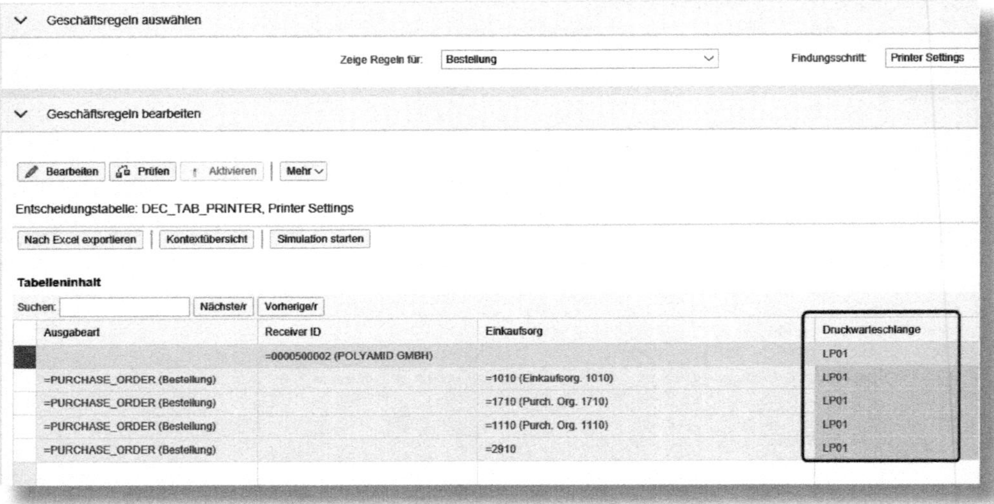

Ausgabeart	Receiver ID	Einkaufsorg	Druckwarteschlange
	=0000500002 (POLYAMID GMBH)		LP01
=PURCHASE_ORDER (Bestellung)		=1010 (Einkaufsorg. 1010)	LP01
=PURCHASE_ORDER (Bestellung)		=1710 (Purch. Org. 1710)	LP01
=PURCHASE_ORDER (Bestellung)		=1110 (Purch. Org. 1110)	LP01
=PURCHASE_ORDER (Bestellung)		=2910	LP01

Abbildung 5.20: Findungsschritt »Printer Settings«

- *Email Settings:* Dieser Findungsschritt ist nur bei dem Kanal *EMAIL* relevant. Hier können Sie die E-Mail-Adresse des Absenders angeben und festlegen, welche E-Mail-Vorlage verwendet wird (siehe Abbildung 5.21). Die E-Mail-Vorlage bestimmt den Inhalt des Betreffs und den Nachrichtentext der E-Mail. Wie der PDF-Anhang der Mail mit der eigentlichen Bestellung aussehen soll, entscheiden Sie im letzten Findungsschritt (Formularvorlage).

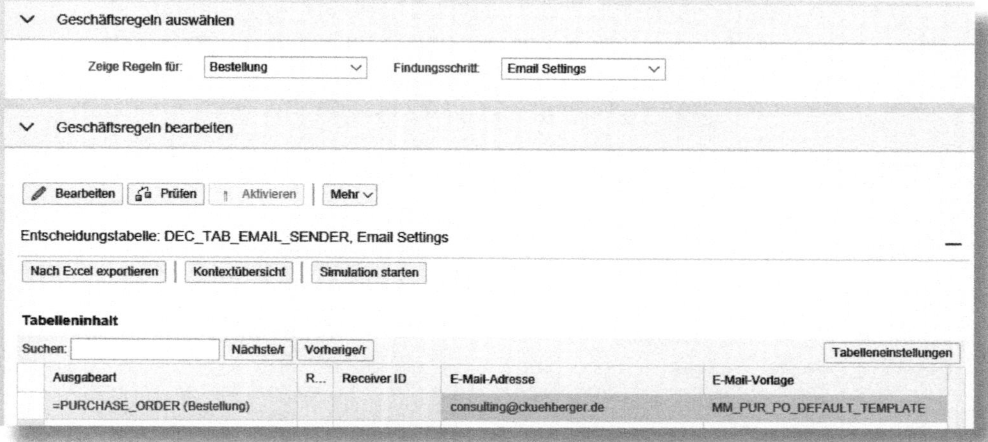

Abbildung 5.21: Findungsschritt »Email Settings«

- *Email Receiver:* Auch diesen Findungsschritt verwenden Sie nur für den Kanal *EMAIL*. Möglicherweise soll Ihre Mail nicht an die E-Mail-Adresse des Geschäftspartners gehen, der in der Findungsregel Empfänger eingestellt wurde. In diesem Fall können Sie festlegen, an welche abweichende(n) E-Mail-Adresse(n) die Nachrichten versandt werden. Hier kann auch der sogenannte E-Mail-Typ-Code angegeben werden – *An*, *Cc* oder *Bcc* (siehe Abbildung 5.22).

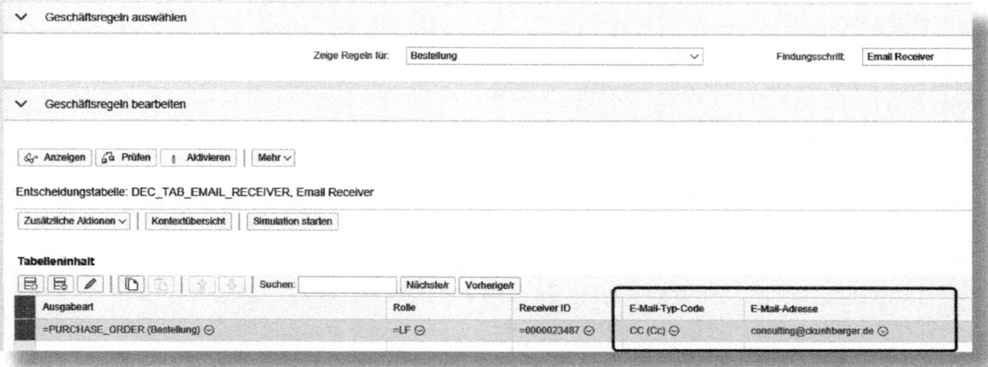

Abbildung 5.22: Findungsschritt »Email Receiver«

- *Formularvorlage:* Hier legen Sie fest, welches Formular für die Nachricht in welcher Sprache verwendet werden soll (siehe Abbildung 5.23). Sie können abhängig von verschiedenen Feldern und deren Werten unterschiedliche Formulare ansteuern.

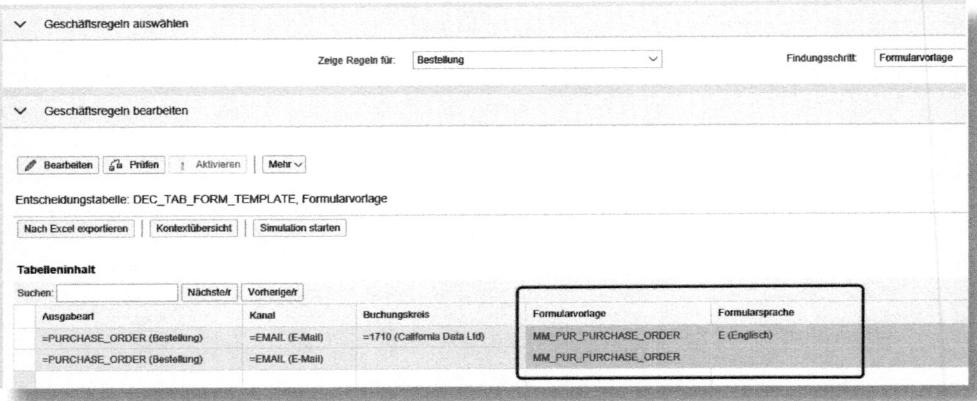

Abbildung 5.23: Findungsschritt »Formularvorlage«

Das System arbeitet die sieben Findungsschritte sequenziell in der Reihenfolge von oben nach unten ab.

Die sieben Findungsschritte wollen wir uns noch im Detail anschauen. Zuvor möchte ich aber das grundlegende Konzept von BRFplus erläutern.

5.4.1 Das Konzept von BRFplus – ein Einstieg

Jedem Findungsschritt ist eine *Entscheidungstabelle* zugeordnet. Die Tabelle besteht aus *Bedingungsspalten* und *Ergebnisspalten*. Allgemein gilt für jeden Findungsschritt, dass die zugehörige Entscheidungstabelle mit Einträgen zu füllen ist. Die Bedingungsspalten sind (wenn die Zeile gerade nicht markiert ist) grau, die Ergebnisspalten grün gekennzeichnet (siehe Abbildung 5.17 bis Abbildung 5.23). Soll beispielsweise für die Belegart *NB* (Normalbestellung) die Ausgabeart *PURCHASE_ORDER* gefunden werden, so gehört die Spalte mit der

Belegart zu den Bedingungsspalten und die Spalte mit der Ausgabeart zu den Ergebnisspalten (siehe Abbildung 5.17).

Wie bereits erwähnt, werden die sieben Findungsschritte sequenziell von oben nach unten abgearbeitet. Auch innerhalb eines Findungsschrittes arbeitet das System die Entscheidungstabelle von oben nach unten durch. Dabei sucht das System Zeilen, bei denen die Bedingungsfelder der Entscheidungstabelle den Daten im Beleg entsprechen, der aktuell bearbeitet wird. Wenn in einer Bedingungsspalte eines der Felder leer gelassen wurde, bedeutet dies, dass dieses Feld einen beliebigen Wert annehmen darf, damit die Bedingung erfüllt ist.

Man kann in jedem Findungsschritt definieren, ob das System nach dem ersten gefundenen Eintrag aufhört zu suchen oder ob es **alle** passenden Einträge ermittelt. Die entsprechende Einstellung finden Sie, wenn Sie im jeweiligen Findungsschritt auf den Button Tabelleneinstellungen rechts oberhalb der Tabelle mit den Regeln klicken (siehe Abbildung 5.24).

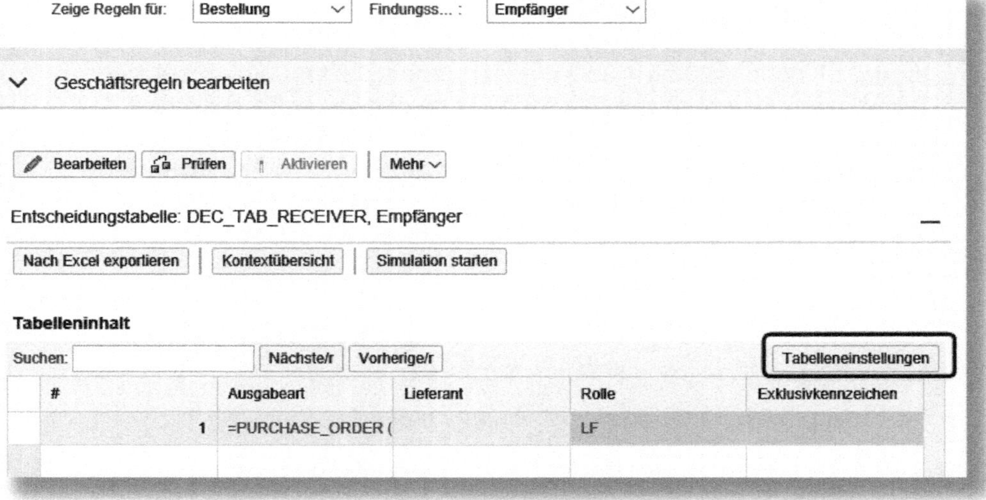

Abbildung 5.24: Position des Buttons für die Tabelleneinstellungen

Die Steuerung erfolgt über das in Abbildung 5.25 markierte Häkchen bei Alle übereinst. Werte zurückgeben. Wenn das Häkchen nicht gesetzt ist, wird der erste Treffer zurückgegeben, und es werden keine weiteren Treffer gesucht.

Tabelleneinstellungen

Ergebnisdatenobjekt

Einstellungen: ☑ Alle übereinst. Werte zurückgeben
☑ Initialwert zurückgeben, wenn keine Übereinstimmung gefunden wird
☑ Ergebnisdatenobjekte in Spalten aufteilen
☐ Bei Teilübereinstimmung Ausnahme auslösen

Ergebnisdatenobjekt: Ergebnistabelle von Nachrichtenart (1)

Abbildung 5.25: Mehrere Ausgabearten werden gefunden

Daraus ergibt sich, dass die Reihenfolge der Zeilen in der Tabelle sehr wichtig ist. Wie sicherlich bereits von der Konditionstechnik bekannt, ist es sinnvoll, vom Speziellen zum Allgemeinen zu sortieren.

5.4.2 Findungsschritt »Nachrichtenart«

In dem Findungsschritt *Nachrichtenart* legen Sie fest, unter welchen Umständen eine bestimmte Ausgabe erzeugt wird. Außerdem bestimmen Sie hier, ob die Nachricht beim Sichern des Belegs automatisch ausgegeben wird oder nicht. Sie wählen also in der Drop-down-Liste Findungsschritt den Punkt *Nachrichtenart* (siehe Abbildung 5.26).

Abbildung 5.26: Findungsschritt »Nachrichtenart«

Nach einer kurzen Wartezeit erscheint der untere Bildbereich zur Bearbeitung der Geschäftsregeln (siehe Abbildung 5.27). In diesem Abschnitt werden wir noch sehr ausführlich auf die einzelnen Mausklicks und Eingaben eingehen. Die Handhabung ist anfangs doch etwas gewöhnungsbedürftig. In den nächsten Abschnitten geht es dann schneller, weil Sie die einzelnen Arbeitsschritte schon kennen.

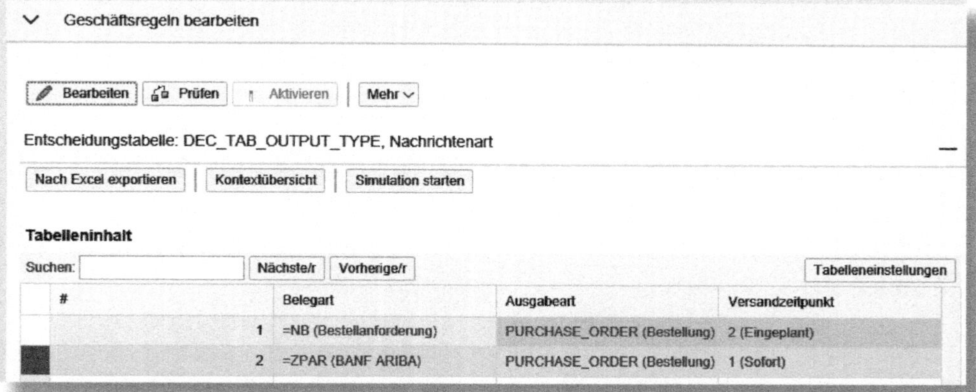

Abbildung 5.27: Bearbeitung der Geschäftsregel »Nachrichtenart«

Wollen Sie die Geschäftsregeln (jede Zeile in der Tabelle stellt eine Regel dar) ändern oder neue hinzufügen, so klicken Sie zuerst auf den Button Bearbeiten. Wenn Sie die Findungsregel wechseln, müssen Sie jedes Mal wieder daran denken, diesen Bearbeitungsschritt vorzunehmen. Der Default scheint hier zu sein, dass man sich die Einstellungen nur ansehen will. Durch Wechsel in den Bearbeitungsmodus geschehen mehrere Dinge:

- Der angeklickte Button ändert seine Gestalt und wird zu Anzeigen.
- Es erscheinen neue Buttons zum Bearbeiten der Tabelle (siehe Abbildung 5.28).

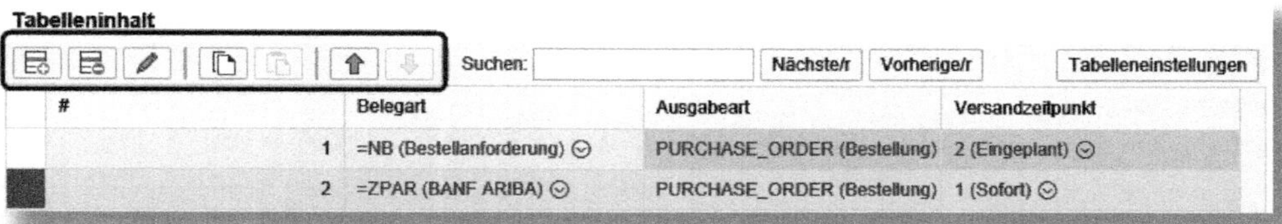

Abbildung 5.28: Buttons zum Bearbeiten der Tabelle

- Neben den Einträgen in den einzelnen Feldern erscheint das Symbol ⊙ (siehe Abbildung 5.29). Dieses Symbol deutet an, dass die Tabelleneinträge nun änderbar sind.

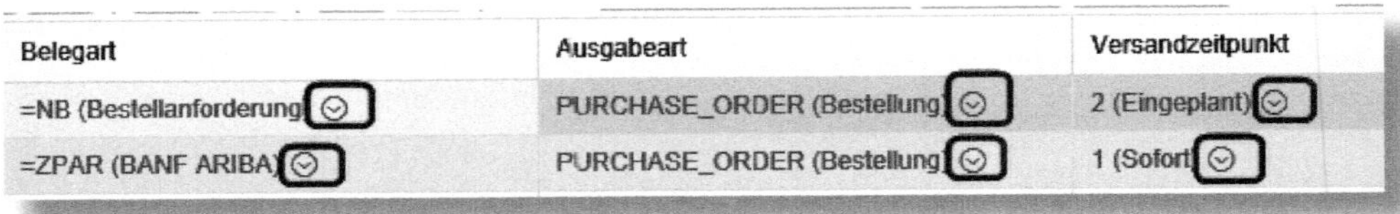

Belegart	Ausgabeart	Versandzeitpunkt
=NB (Bestellanforderung ⊙	PURCHASE_ORDER (Bestellung ⊙	2 (Eingeplant) ⊙
=ZPAR (BANF ARIBA) ⊙	PURCHASE_ORDER (Bestellung ⊙	1 (Sofort) ⊙

Abbildung 5.29: Änderbarkeit der Tabelleneinträge ist aktiv

Sie sehen, dass die Ergebnisspalten für diesen Findungsschritt die Ausgabeart sowie der Versandzeitpunkt sind. Diese beiden Informationen wollen Sie also abhängig von den Bedingungsspalten ermitteln.

Bisher waren in dem Testsystem zwei Regeln eingestellt, die auf der Belegart basieren (Bedingungsspalte Belegart). Sie wollen dies nun um eine allgemeinere Regel auf Ebene der Einkaufsorganisation ergänzen. Sie brauchen also nicht nur die Bedingungsspalte Belegart, sondern auch die Bedingungsspalte für die Einkaufsorganisation. Zuerst klicken Sie auf die [Tabelleneinstellungen] rechts oberhalb der Tabelle (siehe Abbildung 5.24). Dann sehen Sie die Bedingungsspalten und Ergebnisspalten, die derzeit angezeigt werden (siehe Abbildung 5.30).

Liste der Spalten

Bedingungsspalten

[Spalte einfügen] [Spalte entfernen] [Nach oben] [Nach unten]

Spaltenname	Text	Obligatorische Eingabe	Spaltenzugriffsberechtigung
PURCHASEORDERTYPE	Belegart	☐	Vollzugriff (Änderungen zulä
PURCHASINGORGAN…	Einkaufsorg	☐	Vollzugriff (Änderungen zulä

Ergebnisspalten

[Spalte aus Datenobjekt einfügen] [Aktionsspalte einfügen] [Spalte entfernen] [Nach oben] [Nach unten]

Spaltenname	Text	Aktionsspalte	Obligatorische Eingabe	Spaltenzugriffsberec…
OUTPUT_TYPE	Ausgabeart	☐	☑	Vollzugriff (Änderunge
DISPATCH_TIME	Versandzeitpunkt	☐	☑	Vollzugriff (Änderunge

Abbildung 5.30: Konfiguration der Spalten

Tabelleneigenschaften sind nur im Bearbeitungsmodus editierbar

Sind die Tabelleneigenschaften nicht editierbar, müssen Sie vorher für den aktuellen Findungsschritt auf den bereits bekannten Button Bearbeiten klicken. Der Bearbeitungsmodus betrifft nämlich nicht nur die Einträge in der Tabelle mit den Geschäftsregeln, sondern auch die Editierbarkeit der Tabelleneigenschaften.

Klicken Sie auf Spalte einfügen (siehe Abbildung 5.30) und wählen Sie anschließend im Drop-down-Menü die Option Aus Kontextdatenobjekten... . Jetzt können Sie sehen, welche Bedingungsspalten der Standard überhaupt zur Verfügung stellt (siehe Condition Parameters Of Application in Abbildung 5.31). In diesem Findungsschritt sind das Belegart, Bestellnummer, Buchungskreis, Einkaufsorganisation, Einkäufergruppe und Lieferant. Wir wählen die Option *Einkaufsorg* und bestätigen anschließend mit OK.

Vorheriges | Nächstes | Alle Objekte anzeigen | Verwendungsnachweis

Objekt	Status	Typ	Anwendung
Anwendungsobjekt-ID	■	Text	OPD Purchase Order
Condition Parameters Of Application	■	Struktur	OPD Purchase Order
Belegart	■	Text	OPD Purchase Order
Bestellung	■	Text	OPD Purchase Order
Buchungskreis	■	Text	OPD Purchase Order
Einkaufsorg	■	Text	OPD Purchase Order
Einkäufergrp	■	Text	OPD Purchase Order
Lieferant	■	Text	OPD Purchase Order
Result Structure Of DEC_TAB_OUTPUT_TYPE	■	Struktur	OPD Purchase Order
Ausgabeart	■	Text	OPD Purchase Order

OK Abbrechen

Abbildung 5.31: Verfügbare Bedingungs- und Ergebnisspalten

Die Spalte für die Einkaufsorganisation ist nun sichtbar. Für die bereits bestehenden Regeln ist sie natürlich leer (siehe Abbildung 5.32).

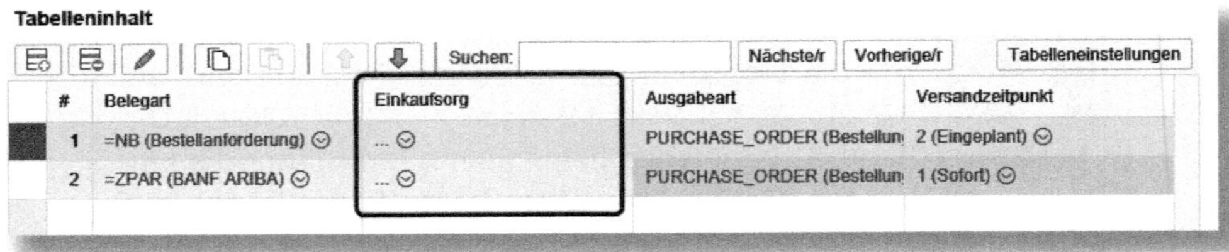

Abbildung 5.32: Bedingungsspalte »Einkaufsorganisation«

Welche Spalten hinzugefügt werden können, variiert je Findungsschritt. Einheitlich in allen Findungsschritten verfügbar sind zentral definierte Bedingungsparameter der Anwendung. In unserem Beispiel, der Bestellung, sind das die Spalten BELEGART, BESTELLUNG, BUCHUNGSKREIS, EINKAUFSORG, EINKÄUFERGRP und LIEFERANT. Zusätzlich können (unsortiert) weitere Spalten aufgeführt sein. Wie die zentrale Definition der Bedingungsparameter aussieht, erkläre ich Ihnen in Abschnitt 5.4.10 etwas genauer. Abbildung 5.33 zeigt die verfügbaren Spalten für den Findungsschritt *Printer Settings;* hier kommen zusätzlich zu den einheitlich in der Anwendung verfügbaren Bedingungsparametern noch die Spalten AUSGABEART und RECEIVER ID hinzu. Die AUSGABEART wurde im ersten Findungsschritt *Nachrichtenart* ermittelt, die RECEIVER ID bezeichnet den im zweiten Findungsschritt *Empfänger* gefundenen SAP-Geschäftspartner. Beide Felder sind als Bedingungsspalten ab dem Findungsschritt *Channel* vorhanden.

Keine Änderung der Ergebnisspalten möglich

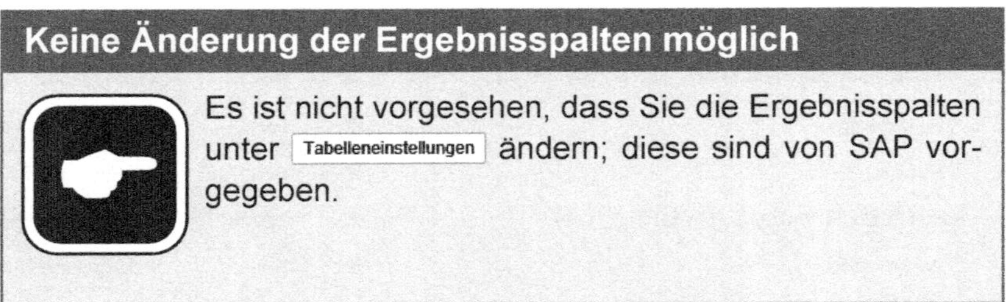

Es ist nicht vorgesehen, dass Sie die Ergebnisspalten unter Tabelleneinstellungen ändern; diese sind von SAP vorgegeben.

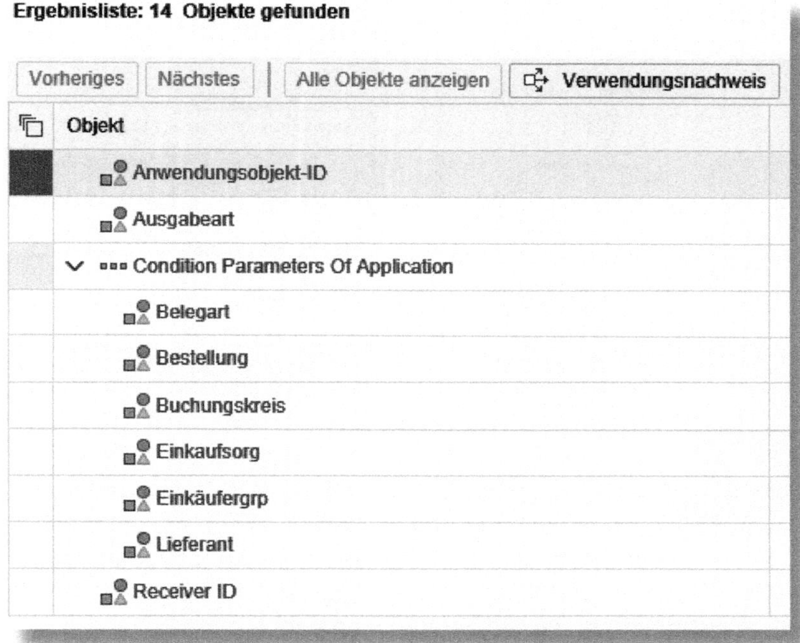

Abbildung 5.33: Verfügbare Spalten im Findungsschritt »Printer Settings«

Das Einfügen einer Spalte beeinflusst normalerweise nicht die bereits existierenden Regeln. Die neue Spalte ist für die bereits vorhandenen Regeln einfach leer, und dies bedeutet, wie Sie schon wissen, dass das Feld jeden beliebigen Wert annehmen kann.

Anders verhält es sich, wenn Sie eine neue Spalte einfügen und diese in den Tabelleneinstellungen als obligatorisch kennzeichnen (siehe Abbildung 5.34). Dadurch wird das Feld für jede Zeile der Tabelle zu einem Pflichtfeld. Das heißt, es muss auch in den zuvor existierenden Zeilen nachträglich mit einem Wert belegt werden.

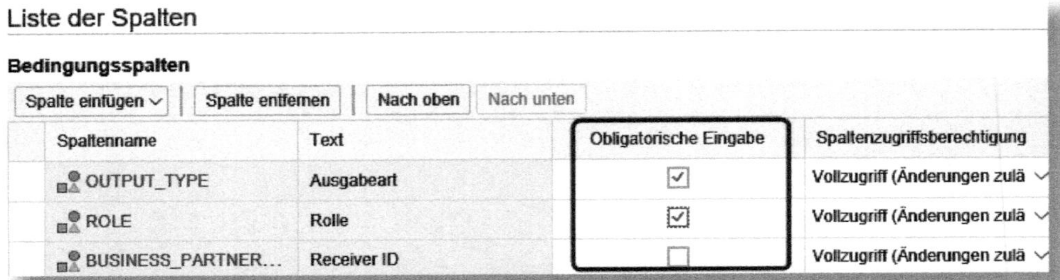

Abbildung 5.34: Tabelleneinstellungen – obligatorische Spalten

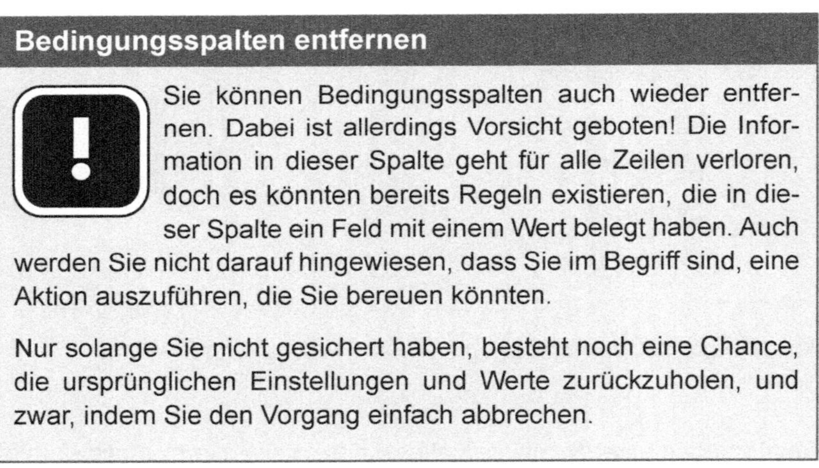

Bedingungsspalten entfernen

Sie können Bedingungsspalten auch wieder entfernen. Dabei ist allerdings Vorsicht geboten! Die Information in dieser Spalte geht für alle Zeilen verloren, doch es könnten bereits Regeln existieren, die in dieser Spalte ein Feld mit einem Wert belegt haben. Auch werden Sie nicht darauf hingewiesen, dass Sie im Begriff sind, eine Aktion auszuführen, die Sie bereuen könnten.

Nur solange Sie nicht gesichert haben, besteht noch eine Chance, die ursprünglichen Einstellungen und Werte zurückzuholen, und zwar, indem Sie den Vorgang einfach abbrechen.

Zurück zu unserem Beispiel: Eine neue Regel ergänzen Sie mittels Klick auf den Button [Symbol] links oberhalb der Tabelle. Zunächst wird in der Tabelle eine leere Zeile eingefügt (siehe Abbildung 5.35).

Abbildung 5.35: Einfügen einer leeren Zeile

Nun füllen Sie die einzelnen Felder. Hierfür klicken Sie zunächst auf das Symbol ⊙. Es erscheint eine Drop-down-Liste, in der Sie die Option Direkte Werteingabe wählen.

Wir beginnen mit der Einkaufsorganisation. Es erscheint ein neuer Bildbereich, in dem Sie über die F4-Hilfe das Kürzel der Einkaufsorganisation eintragen können (siehe Abbildung 5.36).

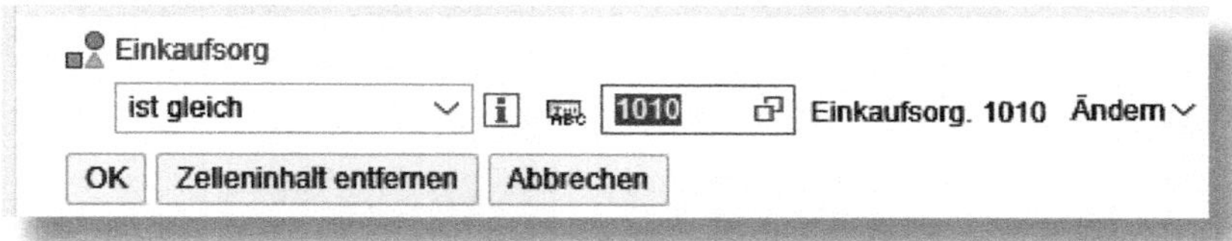

Abbildung 5.36: Auswahl der Einkaufsorganisation

Bemerkenswert finde ich hier die Möglichkeit, nicht nur einzelne Werte vorzugeben, sondern auch ganze Wertebereiche, wenn man auf das Feld ist gleich klickt. Die Optionen, die sich bieten, sehen Sie in Abbildung 5.37. Das kann die alte Nachrichtenfindung nicht! Insbesondere für die Auswahl ist initial oder ist nicht initial kann man sich sinnvolle Anwendungsfälle in der Praxis vorstellen. Beispielsweise könnte man eine Infonachricht an den verantwortlichen internen Mitarbeiter schicken, wenn ein gewisses Feld leer ist.

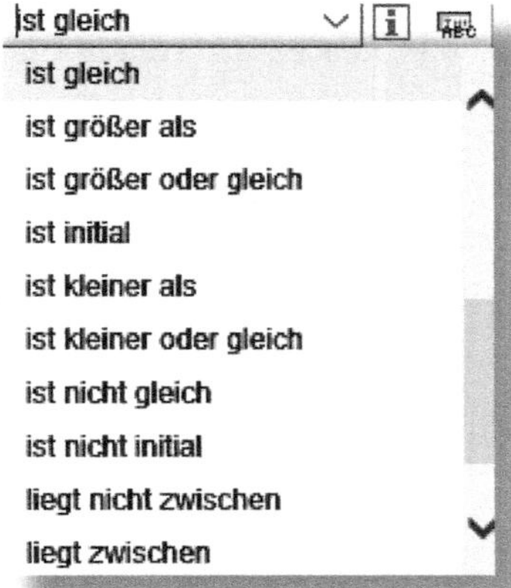

Abbildung 5.37: Mögliche Wertebereiche

Wir bestätigen die Einkaufsorganisation mit [OK], verfahren mit den anderen Feldern analog – und schon ist eine neue Regel oben in der Tabelle als erste Zeile eingefügt (siehe Abbildung 5.38).

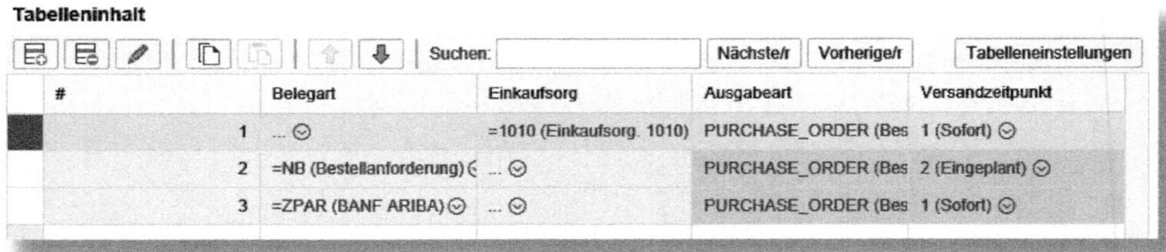

#	Belegart	Einkaufsorg	Ausgabeart	Versandzeitpunkt
1	...	=1010 (Einkaufsorg. 1010)	PURCHASE_ORDER (Bes	1 (Sofort)
2	=NB (Bestellanforderung)	...	PURCHASE_ORDER (Bes	2 (Eingeplant)
3	=ZPAR (BANF ARIBA)	...	PURCHASE_ORDER (Bes	1 (Sofort)

Abbildung 5.38: Neue Regel wurde in die Tabelle eingefügt

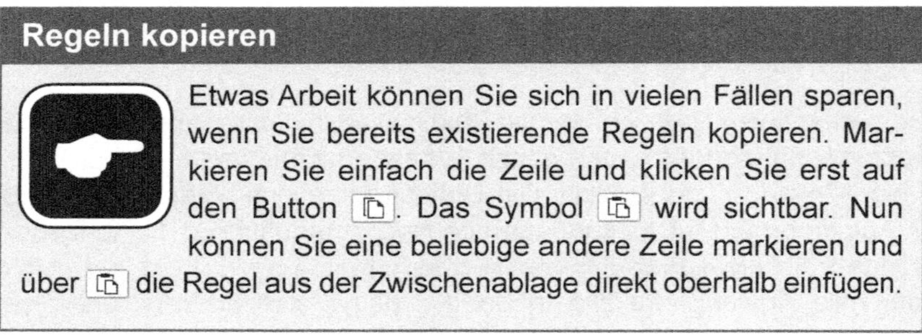

Regeln kopieren

Etwas Arbeit können Sie sich in vielen Fällen sparen, wenn Sie bereits existierende Regeln kopieren. Markieren Sie einfach die Zeile und klicken Sie erst auf den Button [⎘]. Das Symbol [⎘] wird sichtbar. Nun können Sie eine beliebige andere Zeile markieren und über [⎘] die Regel aus der Zwischenablage direkt oberhalb einfügen.

Bei der Pflege der Ergebnisspalten geben Sie die Ausgabeart sowie den Versandzeitpunkt ein. Unterstützt werden hier die Versandzeitpunkte *Sofort* und *Eingeplant*. Bei *Sofort* wird die Ausgabe erzeugt, sobald Sie den Beleg sichern.

Wenn Sie *Eingeplant* verwenden, stehen Ihnen für Bestellungen das Programm *PURCHASE_ORDER_OUTPUT_RUN* und die Transaktion *ME9FF* (siehe Abbildung 5.39) zur Verfügung, um die Ausgabe zu triggern.

SAP Nachrichtenausgabe Bestellungen

Als Variante sichern... Mehr

Ausgabedaten

Art des Anwendungsobjektes:	PURCHASE_ORDER		
Ausgabeart:		bis:	
Ausgabekanal:		bis:	

Bestelldaten

Einkaufsbelegnummer:		bis:	
Lieferant:		bis:	
Einkaufsorganisation:		bis:	
Einkäufergruppe:		bis:	
Belegart:		bis:	
Belegdatum:		bis:	

Abbildung 5.39: Transaktion »ME9FF«

Achtung: sofortige Ausgabe der Nachrichten!

Bei der Transaktion *ME9FF* werden die Nachrichten, die den Selektionskriterien entsprechen, direkt nach dem Ausführen ausgegeben. In der Transaktion für die NAST-Ausgabesteuerung (*ME9F*) erscheint an dieser Stelle zunächst noch ein Bild, auf dem man alle relevanten Nachrichten sieht und dann noch einmal per Häkchen entscheiden kann, welche man ausgeben möchte. Wenn man die bisherige Transaktion gewohnt ist, kann es leicht passieren, dass man ungewollt eine ganze Menge an Nachrichten versendet.

Für jede Anwendung steht zur Ausgabe der Nachrichten bei Versandzeitpunkt *Eingeplant* ein dediziertes Programm zur Verfügung. Es kann als Hintergrundjob eingeplant oder online vom Benutzer ausgeführt werden. Für Bestellungen ist die Anwendertransaktion *ME9FF* vorgesehen.

Aktivieren nicht vergessen

Nachdem Sie die Regel erstellt haben, müssen Sie noch auf Aktivieren klicken. Damit speichern Sie die Regel. Dabei wird normalerweise ein Transportauftrag angelegt, und die Einstellungen werden transportiert. Die Regeln werden nur einmal beim Anlegen eines Belegs durchlaufen. Neue und geänderte Regeln haben also keine Auswirkung auf bestehende Belege.

Sie haben bereits gelernt, dass es sinnvoll ist, die Einträge von speziell nach allgemein zu sortieren. Die Reihenfolge der Tabellenzeilen können Sie ändern, indem Sie eine Zeile markieren und diese durch die Buttons ⇧ ⇩, die Sie in der Leiste oberhalb der Tabelle finden, verschieben (siehe Abbildung 5.38).

Auf die in diesem Findungsschritt ermittelte Ausgabeart beziehen sich die darauffolgenden Findungsschritte, wenn die Bedingungsspalte Ausgabeart verwendet wird.

5.4.3 Findungsschritt »Empfänger«

In diesem Schritt legen Sie fest, für welche Rolle (welchen SAP-Geschäftspartner) die Nachricht erzeugt werden soll. Bei Bestellungen wird leider nur die Rolle *LF (Lieferant)* unterstützt (siehe auch SAP-Hinweise 1724044 und 2665058), was durchaus eine Einschränkung darstellt. Man könnte meinen, dass man sich diesen Schritt dann ganz sparen kann – man sagt dem System im ersten Findungsschritt (Nachrichtenart), welche Ausgabeart gefunden werden soll, definiert dann Channel und weitere Details, das sollte eigentlich reichen. Wird dieser Schritt jedoch weggelassen und pflegen Sie hier keine Regel, wird keine Ausgabe erzeugt. Man kann sich also durchaus vorstellen, dass an dieser Stelle nur eine Zeile zu sehen ist (siehe Abbildung 5.40).

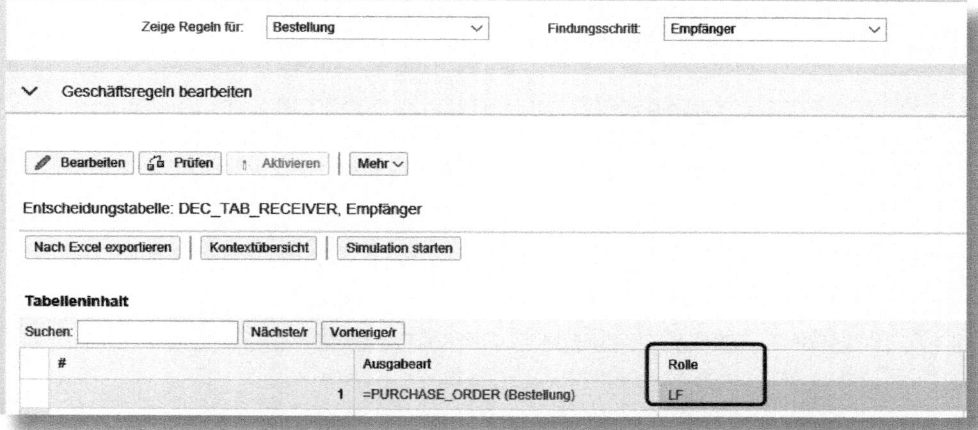

Abbildung 5.40: Findungsschritt »Empfänger«

Auf den hier ermittelten Empfänger beziehen sich die darauffolgenden Findungsschritte, wenn die Bedingungsspalte RECEIVER ID verwendet wird.

5.4.4 Findungsschritt »Channel«

Nun legen Sie im Findungsschritt *Channel* fest, über welchen Kanal, also über welches Medium, die im vorherigen Findungsschritt ermittelten Empfänger ihre Nachrichten erhalten.

Noch einmal zur Wiederholung – folgende Ausgabekanäle werden unterstützt:

- EDI
- EMAIL
- IDOC
- PRINT
- XML

Die aus der NAST-Ausgabesteuerung bekannten Medien ALE, Telex und Fax sind also nicht mehr einsetzbar.

Welche Kanäle je Ausgabeart zur Verfügung stehen, wird im Customizing vordefiniert unter: SPRO • Anwendungsübergreifende Komponenten • Ausgabesteuerung •Ausgabekanäle zuordnen (siehe Abbildung 5.41).

Kanal

Anwendungsobjekttyp	Ausgabeart	Kanal
PURCHASE_CONTRACT	PURCHASE_CONTRACT	IDOC
PURCHASE_CONTRACT	PURCHASE_CONTRACT	PRINT
PURCHASE_CONTRACT	PURCHASE_CONTRACT	XML
PURCHASE_ORDER	PURCHASE_ORDER	EDI
PURCHASE_ORDER	PURCHASE_ORDER	EMAIL
PURCHASE_ORDER	PURCHASE_ORDER	IDOC
PURCHASE_ORDER	PURCHASE_ORDER	PRINT
PURCHASE_ORDER	PURCHASE_ORDER	XML
REQUEST_FOR_QUOTAT...	EXTERNAL_REQUEST	XML
REQUEST_FOR_QUOTAT...	INTERNAL_REQUEST	EMAIL
REQUEST_FOR_QUOTAT...	INTERNAL_REQUEST	PRINT
REQUEST_FOR_QUOTAT...	INTERNAL_REQUEST	XML

Abbildung 5.41: Zuordnung der Kanäle zu Ausgabearten

Mehrere Kanäle je Ausgabeart in einem Beleg möglich

Ein Vorteil der neuen Ausgabesteuerung ist, dass eine Ausgabeart nun in einem Beleg mehrere Kanäle ansprechen kann. Die Ausgabeart wird dann in der Bestellung mehrfach mit unterschiedlichen Kanälen aufgeführt (siehe Abbildung 5.42). In der NAST-Ausgabesteuerung konnte man in einem Beleg für eine Nachrichtenart nur ein einzelnes Medium verwenden. Aufgrund dessen gab es oft eine Nachrichtenart für Druck, eine andere für E-Mail etc.

Bestellung......... 4500003927

Ausgabe

	ID	Status	Versandzeitpunkt	Ausgabeart	R...	Empfngr.	Kanal	Land	Sprache	Formularvorlage
○	3	Auszugeben	2	PURCHASE_ORDER	LF	1	EMAIL	DE	DE	MM_PUR_PURCHASE_ORDER
○	4	Auszugeben	2	PURCHASE_ORDER	LF	1	PRINT	DE	DE	MM_PUR_PURCHASE_ORDER

Abbildung 5.42: Dieselbe Ausgabeart für verschiedene Kanäle in der Bestellung

Sie können in diesem Findungsschritt mehrere Regeln mit unterschiedlichen Kanälen für dieselbe Ausgabeart anlegen. Die vom Standard zur Verfügung gestellten Ergebnisspalten sind der Kanal und das Exklusivkennzeichen (siehe Abbildung 5.43). Als Bedingungsspalten stehen grundsätzlich wieder die bekannten Kriterien zur Verfügung. Zusätzlich können Sie die gefundene Ausgabeart und Receiver ID, also die Nummer des Geschäftspartners, der die Nachricht empfangen soll, eintragen.

Besonderes Augenmerk wollen wir auf die Ergebnisspalte Exklusivkennzeichen richten. Das System sucht so lange weitere gültige Geschäftsregeln, bis es eine Zeile gefunden hat, in der das Exklusivkennzeichen im Ergebnisbereich gesetzt ist und die Bedingungsspalten passend gefüllt sind. In dem in Abbildung 5.43 gezeigten Beispiel bewirkt das Exklusivkennzeichen Folgendes: Mit dem Empfänger *500004* wird per EDI und E-Mail kommuniziert. Für diesen Empfänger soll kein Ausdruck erzeugt werden. Die Findung hört durch das Exklusivkennzeichen in der zweiten Zeile mit der Ermittlung weiterer Kanäle auf. Bei allen anderen Empfängern wird nur ein Ausdruck erzeugt. Wäre das Kennzeichen nicht gesetzt, würde für den Empfänger *500004* auch eine Druckausgabe erzeugt, was im Fall der elektronischen Kommunikation unerwünscht wäre.

Tabelleninhalt

Suchen: Nächste/r Vorherige/r

#	Ausgabeart	Receiver ID	Kanal	Exklusivkennzeichen
1	=PURCHASE_ORDER (Bestellung)	=0000500004 (ESPRESSO PLASTICS AG)	EDI (EDI)	...
2	=PURCHASE_ORDER (Bestellung)	=0000500004 (ESPRESSO PLASTICS AG)	EMAIL (E-Mail)	X (wahr)
3	=PURCHASE_ORDER (Bestellung)	...	PRINT (Druck)	...

Abbildung 5.43: Exklusivkennzeichen bei der Findungsregel »Channel«

Die Funktionalität des Exklusivkennzeichens ist also sehr ähnlich zu der Einstellung [✓ Alle übereinst. Werte zurückgeben], die Sie unter den [Tabelleneinstellungen] wählen können. Dort wird allerdings bei nicht gesetzem Häkchen **grundsätzlich** nach einem Treffer aufgehört, während Sie mit dem Exklusivkennzeichen die Möglichkeit haben, die Suche erst nach mehreren Treffern zu stoppen.

5.4.5 Findungsschritt »Printer Settings«

Wenn der Channel *PRINT* ermittelt wurde, sind die im Findungsschritt *Printer Settings* definierten Regeln von Bedeutung. Die von SAP vorgesehenen Ergebnisspalten sind DRUCKERWARTESCHLANGE und ANZ. DER KOPIEN (siehe Abbildung 5.44). Als Druckerwarteschlange tragen Sie jeweils die Kurzbezeichnung des Druckers ein, wie sie in der Spool-Administration (Transaktion *SPAD*) definiert wurde.

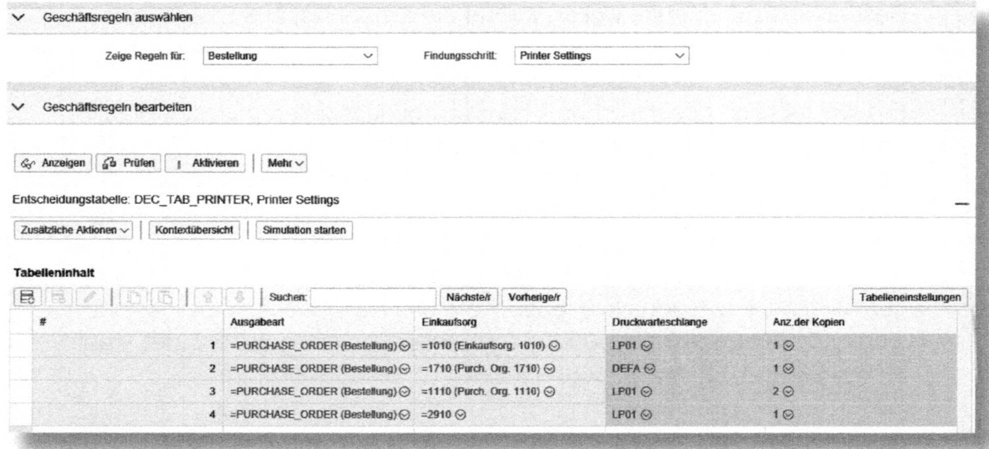

Abbildung 5.44: Findungsregeln »Printer Settings«

5.4.6 Findungsschritt »Email Settings«

Dieser Findungsschritt ist nur relevant, wenn der Channel *EMAIL* ermittelt wurde. Sie können hier, wieder abhängig von Bedingungen, zwei Aspekte einer E-Mail festlegen, die Sie in den Bedingungsspalten definiert haben:

- Die E-Mail-Adresse des Absenders: Jede Applikation legt standardmäßig eine Absender-E-Mail-Adresse fest. Bei der Bestellung wird beispielsweise, wenn nicht anders angegeben, per Default die E-Mail-Adresse der Einkäufergruppe verwendet. Sie haben in diesem Findungsschritt die Möglichkeit, das Standardverhalten zu übersteuern und eine abweichende Absenderadresse festzulegen.
- Die E-Mail-Formatvorlage: Diese legt fest, wie der Nachrichtentext und der Betreff der E-Mail aussehen.

Die erlaubten E-Mail-Vorlagen ordnen Sie im Customizing unter dem Pfad SPRO • Anwendungsübergreifende Komponenten • Ausgabesteuerung • E-Mail-Vorlagen zuordnen den Anwendungsobjekttypen zu (siehe Abbildung 5.45).

E-Mail-Vorlage

Anwendungsobjekttyp	Ausgabeart	E-Mail-Vorlag.-ID
BANK_ACCOUNT	BANK_CORRESPONDENCE	FCLM_BAM_OM_ACCOUNT_CLOSE
BANK_ACCOUNT	BANK_CORRESPONDENCE	FCLM_BAM_OM_SIGN_UPDATE
PURCHASE_ORDER	PURCHASE_ORDER	MM_PUR_PO_DEFAULT_TEMPLATE

Abbildung 5.45: Erlaubte E-Mail-Vorlagen je Anwendungsobjekttyp

Im Standard der NAST-Ausgabesteuerung wurden lange Zeit E-Mails aus einer Bestellung mit einem leeren Nachrichtentext versandt. Später war es mit der Transaktion *SODIS* zumindest möglich, einen statischen Text einzufügen. Die Verwendung der E-Mail-Vorlage bewirkt, dass Sie nun auch Variablen, wie beispielsweise die Bestellnummer und das Datum, in die E-Mail einfügen können. Der E-Mail-Text sieht dann beispielsweise wie in Abbildung 5.46 gezeigt aus.

Nun wollen wir noch einen Blick darauf werfen, wie solch eine E-Mail-Vorlage aussieht. Es gibt keine eigene Transaktion zur Definition von E-Mail-Vorlagen, stattdessen werden sie im System über die Transaktion *SE80* definiert. Wenn Sie als Entwicklungsobjekt den Namen der Vorlage eingeben, können Sie sich diese ansehen. Abbildung 5.47 zeigt die Vorlage *MM_PUR_PO_DEFAULT_TEMPLATE*.

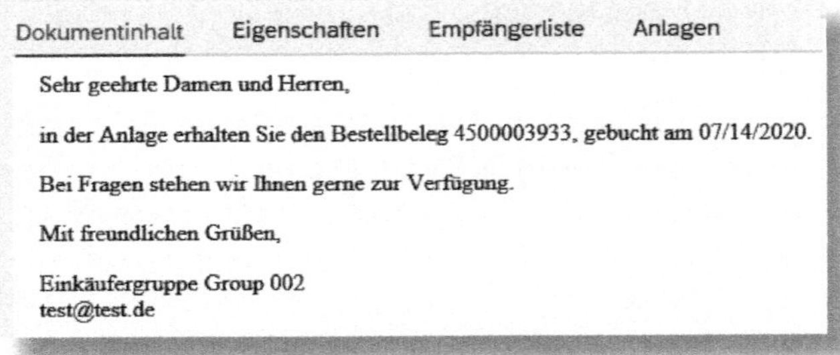

Dokumentinhalt | Eigenschaften | Empfängerliste | Anlagen

Sehr geehrte Damen und Herren,

in der Anlage erhalten Sie den Bestellbeleg 4500003933, gebucht am 07/14/2020.

Bei Fragen stehen wir Ihnen gerne zur Verfügung.

Mit freundlichen Grüßen,

Einkäufergruppe Group 002
test@test.de

Abbildung 5.46: Beispiel einer generierten E-Mail

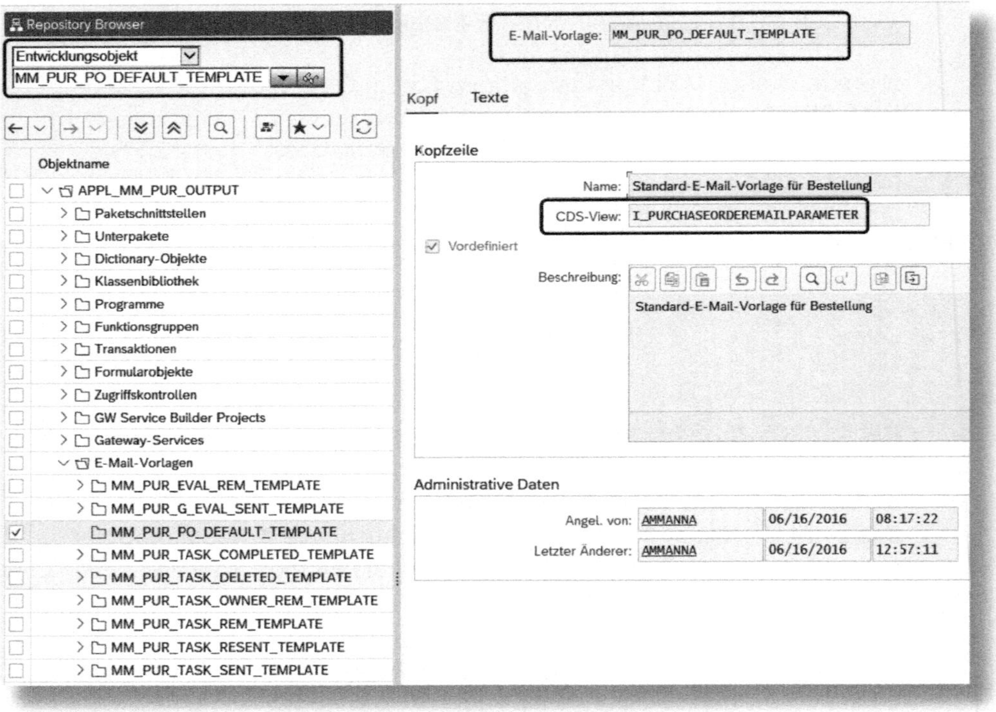

Abbildung 5.47: Anzeige einer E-Mail-Vorlage in Transaktion »SE80«

Die verfügbaren Variablen für den E-Mail-Nachrichtentext werden dem Template über eine *CDS View* zur Verfügung gestellt. Diese Views können Sie nur mit dem Tool *Eclipse* einsehen und bearbeiten – nicht mit der Transaktion *SE80* (siehe auch Erklärung in Abschnitt 3.1). Unter dem Reiter Texte können Sie erkennen, wie der Betreff und der Body der Vorlage mit integrierten Variablen definiert sind (siehe Abbildung 5.48). Links finden Sie eine Liste der Sprachen, in denen Sie die Vorlage definieren können und darunter die verfügbaren Variablen, oben rechts ist die Definition des Betreffs aufgeführt.

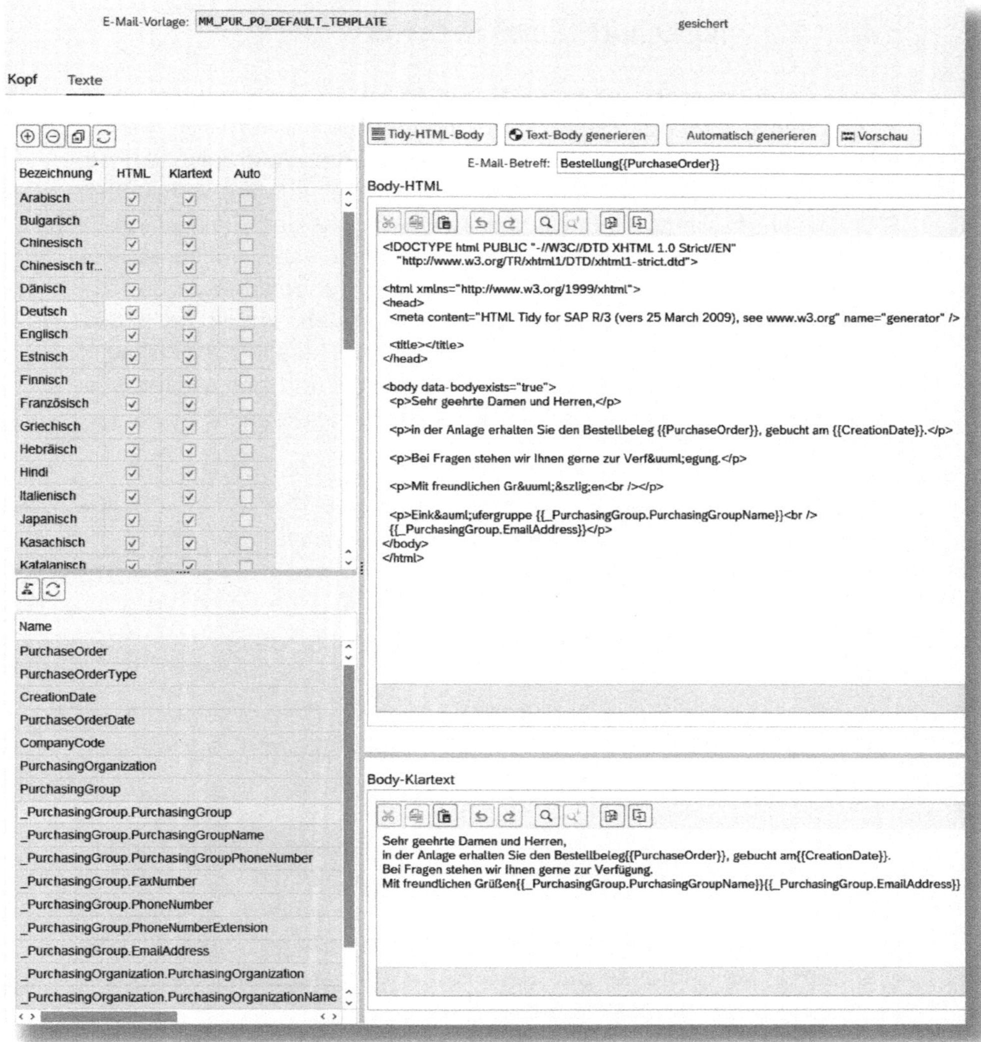

Abbildung 5.48: Definition des Bodys im E-Mail-Template

Hier ist die Variable *PurchaseOrder* eingebunden, um flexibel die Bestellnummer aus dem Beleg einzufügen. In dem großen Feld rechts sehen Sie die Definition des Textes, der in der E-Mail versandt wird. Sie enthält ebenfalls zahlreiche Variablen.

5.4.7 Findungsschritt »Email Receiver«

Dieser Findungsschritt ist optional und findet nur Anwendung, wenn in den Findungsregeln zuvor der Channel *EMAIL* ermittelt wurde. Falls Sie hier keine Einträge machen, geht die elektronische Post automatisch an die E-Mail-Adresse des unter *Empfänger* ermittelten SAP-Geschäftspartners. Bei einer Bestellung ist das die Default-E-Mail-Adresse des Lieferanten. Falls Sie aber diese Funktionsweise übersteuern wollen, können Sie in diesem Schritt beispielsweise eine feste abweichende E-Mail-Adresse angeben (siehe Abbildung 5.49). Dies könnte z. B. ein unternehmensinternes E-Mail-Postfach sein, über das die Bestell-E-Mails nochmals geprüft und ggf. weiterbearbeitet werden, bevor man sie an den Lieferanten versendet.

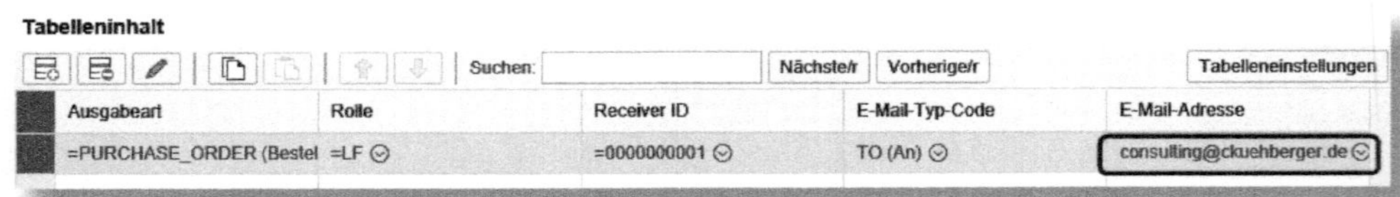
Tabelleninhalt

Suchen: Nächste/r Vorherige/r Tabelleneinstellungen

Ausgabeart	Rolle	Receiver ID	E-Mail-Typ-Code	E-Mail-Adresse
=PURCHASE_ORDER (Bestel	=LF	=0000000001	TO (An)	consulting@ckuehberger.de

Abbildung 5.49: Angabe einer abweichenden E-Mail-Adresse

Außerdem können Sie in der Spalte E-Mail-Typ-Code auswählen, ob der E-Mail-Empfänger TO, CC oder BCC gesetzt wird (siehe Abbildung 5.50).

Sie haben auch die Möglichkeit, die E-Mail-Adressen mehrerer Empfänger anzugeben. Achtung: Sobald hier abweichende Empfänger-Adressen gepflegt sind, würde der Lieferant ohne weiteres Zutun keine E-Mail mehr erhalten. Aus diesem Grund geben Sie ggf. zusätzlich die Standard-E-Mail-Adresse aus dem SAP-Geschäftspartner (bei einer Bestellung diejenige des Lieferanten) an.

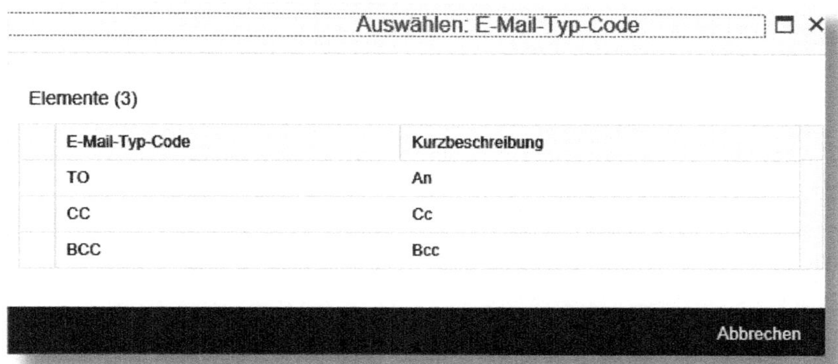

Abbildung 5.50: Auswahl E-Mail-Typ-Code

Die Standard-E-Mail-Adresse wählen Sie folgendermaßen aus:

- Klicken Sie auf das Symbol ⊙ im Feld E-Mail-Adresse.
- Gehen Sie zu der Option Ausdruck auswählen....
- Geben Sie den Anwendungsnamen *OPD_APOC_SYSTEM* ein und wählen Sie als Ausdrucksart *Konstante* (siehe Abbildung 5.51).

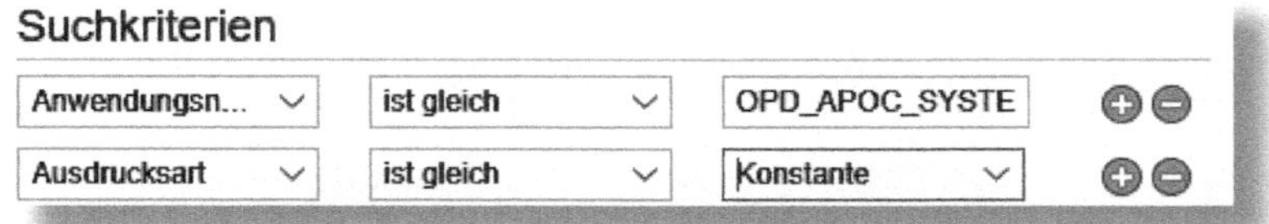

Abbildung 5.51: Eingabe der Suchkriterien für die allgemeine E-Mail-Adresse

- Klicken Sie auf den Button Suchen.
- Wählen Sie die Konstante *Standard-E-Mail-Adresse* aus (siehe Abbildung 5.52).
- Bestätigen Sie mit OK.

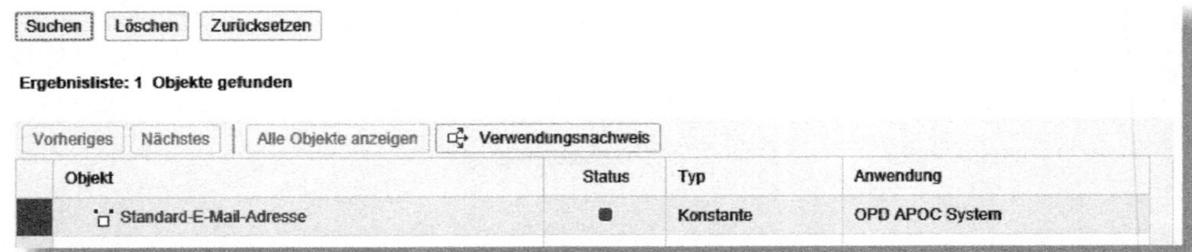

Abbildung 5.52: Auswahl der Konstante »Standard-E-Mail-Adresse«

Bei dieser Vorgehensweise bleibt das Standardverhalten erhalten, und zusätzlich werden weitere E-Mail-Nachrichten versandt. Abbildung 5.53 zeigt die entsprechende Konstellation in der Entscheidungstabelle.

Tabelleninhalt

Suchen: Nächste/r Vorherige/r Tabelleneinstellungen

Ausgabeart	Rolle	Receiver ID	E-Mail-Typ-Code	E-Mail-Adresse
=PURCHASE_ORDER (Bestellung) (	=LF	=0000000001	TO (An)	consulting@ckuehberger.de
=PURCHASE_ORDER (Bestellung) (	=LF	=0000000001	CC (Cc)	christine.kuehberger@inconex.de
=PURCHASE_ORDER (Bestellung) (	=LF	=0000000001	TO (An)	Standard-E-Mail-Adresse

Abbildung 5.53: Angabe mehrerer E-Mail-Adressen

5.4.8 Findungsschritt »Formularvorlage«

Kommen wir nun zum letzten Findungsschritt, in dem Sie die *Formularvorlage* festlegen. Die Ergebnisspalten sind hier der Formularname und die Formularsprache (siehe Abbildung 5.54).

Es stehen einige Bedingungsspalten zur Verfügung, die es in den anderen Findungsschritten nicht gab (siehe Abbildung 5.55):

- Absenderland
- Empfängerland
- Empfängersprache
- Kanal (hiermit ist der in dem Findungsschritt *Channel* ermittelte Kanal gemeint)

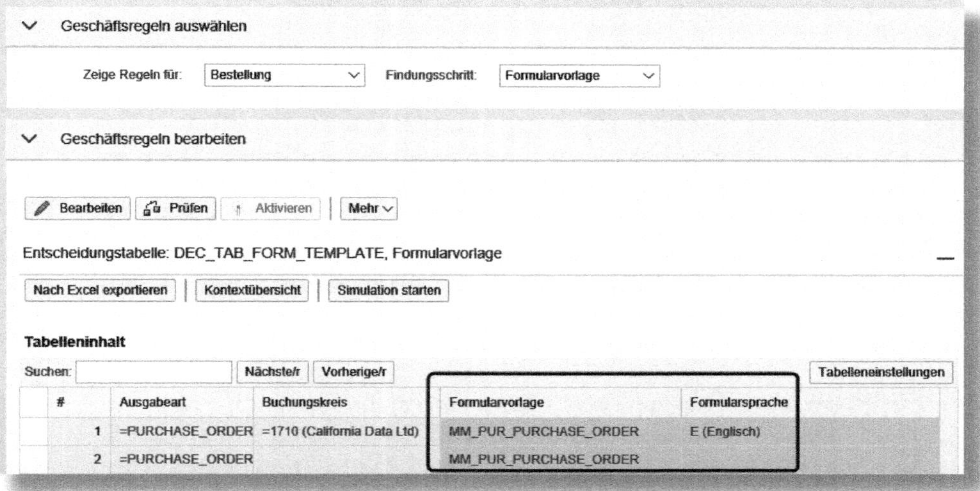

Abbildung 5.54: Regeln zur Festlegung des Formulars

Objekt
Absenderland
Anwendungsobjekt-ID
Ausgabeart
Condition Parameters Of Application
Empfängerland
Empfängersprache
Kanal
Receiver ID
Result Structure Of DEC_TAB_FORM_TEMPLATE
Formularsprache

Abbildung 5.55: Bedingungsspalten beim Findungsschritt »Formularvorlage«

Die neue Ausgabesteuerung der On-Premise-Edition von S/4HANA unterstützt folgende Formulartechnologien:

- *Adobe Forms mit Fragmenten* – PDF-basierte Druckformulare mit Fragmenten (im Standard)

- *Adobe Forms* – PDF-basierte Druckformulare
- *Smartforms*
- *SAPscript* (»Totgesagte leben länger« ...)

Die »alten« Technologien werden also wider die verbreitete Meinung aus Kompatibilitätsgründen weiterhin uneingeschränkt unterstützt. Zumindest ist dies bei Anwendungen der Fall, die zuvor NAST verwendet haben. Es kann allerdings sein, dass in den Druckprogrammen Anpassungen nötig werden, damit unter der S/4HANA-Ausgabesteuerung alles korrekt funktioniert. Die von der SAP letztendlich angestrebte Richtung ist aber eindeutig die Technologie Adobe Forms.

Ein großer Vorteil bei der Verwendung von Adobe Forms mit Fragmenten ist die Vermeidung von Redundanzen. Sie haben die Möglichkeit, Teile des Formulars, die unternehmensweit identisch aussehen, zentral zu definieren. Klassischerweise sind dies das Logo und der Fußbereich mit Bankverbindung etc. Diese Fragmente können Sie zentral pflegen und über die Anwendungen hinweg einheitlich nutzen.

Die zulässigen Formularvorlagen definieren Sie je Ausgabeart im Customizing. Der Pfad dafür lautet: SPRO • ANWENDUNGSÜBERGREIFENDE KOMPONENTEN • AUSGABESTEUERUNG • FORMULARVORLAGEN ZUORDNEN. Auf diesem Weg können Sie die Formularvorlagen vorgeben, die der User für eine gewisse Ausgabeart zur Auswahl hat. Einer Ausgabeart können mehrere Formularvorlagen zugeordnet werden (siehe Abbildung 5.56).

Formularvorlage

Anwendungsobjekttyp	Ausgabeart	FormulTyp	Formularvorlagen-ID
GOODS_MOVEMENT	GOODS_RECEIPT_PO_SLIP	1 Ausgabeformula...	MMIM_GR4PO_COL_SLIP
GOODS_MOVEMENT	GOODS_RECEIPT_PO_SLIP	1 Ausgabeformula...	MMIM_GR4PO_EMAIL
GOODS_MOVEMENT	GOODS_RECEIPT_PO_SLIP	1 Ausgabeformula...	MMIM_GR4PO_IND_SLIP
GOODS_MOVEMENT	GOODS_RECEIPT_PO_SLIP	1 Ausgabeformula...	MMIM_GR4PO_IND_SLIPT

Abbildung 5.56: Formularvorlagen je Ausgabeart

5.4.9 Ausgabe von IDocs

IDocs werden von der neuen Ausgabeverwaltung nicht vollständig unterstützt. Nur bei Anwendungen, die vorher NAST eingesetzt haben, können Sie IDocs ausgeben. Dabei sind wiederum nur IDocs an Geschäftspartner und nicht an logische Systeme möglich.

Abbildung 5.57 zeigt, wie eine Regel im Findungsschritt *Channel* für den Kanal *IDOC (IDoc)*, abhängig von der Einkäufergruppe, aussehen könnte.

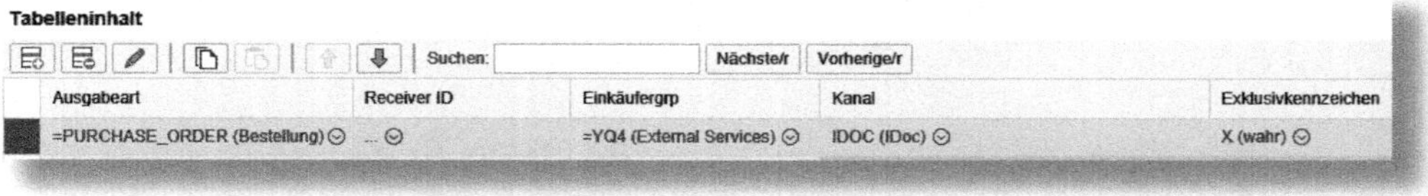

Tabelleninhalt

Ausgabeart	Receiver ID	Einkäufergrp	Kanal	Exklusivkennzeichen
=PURCHASE_ORDER (Bestellung)	...	=YQ4 (External Services)	IDOC (IDoc)	X (wahr)

Abbildung 5.57: Findungsregel mit Kanal »IDoc«

Voraussetzung dafür, dass das funktioniert, ist (wie früher auch), dass eine passende Partnervereinbarung in der Transaktion *WE20* gepflegt wird. In der Partnervereinbarung können allerdings nur die NAST-Nachrichtenarten eingetragen werden und nicht etwa die Ausgabeart PURCHASE_ORDER (siehe Abbildung 5.58).

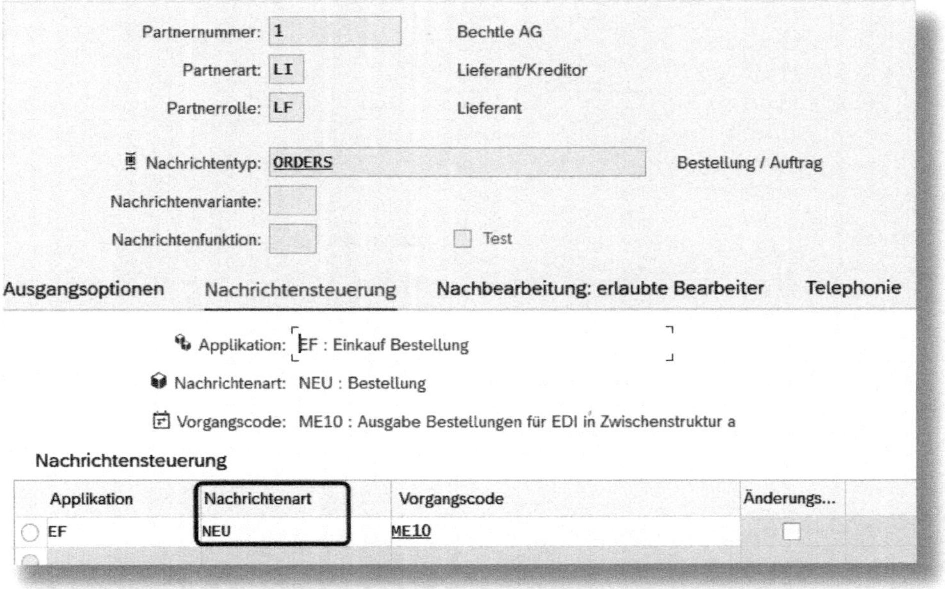

Partnernummer: 1 Bechtle AG
Partnerart: LI Lieferant/Kreditor
Partnerrolle: LF Lieferant

Nachrichtentyp: ORDERS Bestellung / Auftrag
Nachrichtenvariante:
Nachrichtenfunktion: Test

Ausgangsoptionen | Nachrichtensteuerung | Nachbearbeitung: erlaubte Bearbeiter | Telephonie

Applikation: EF : Einkauf Bestellung
Nachrichtenart: NEU : Bestellung
Vorgangscode: ME10 : Ausgabe Bestellungen für EDI in Zwischenstruktur a

Nachrichtensteuerung

Applikation	Nachrichtenart	Vorgangscode	Änderungs...
EF	NEU	ME10	

Abbildung 5.58: Nachrichtenart in der Partnervereinbarung

So lässt sich vermutlich auch eine Einschränkung der IDoc-Verarbeitung erklären, die an vielen Stellen der SAP-Dokumentation und in den relevanten SAP-Hinweisen (z. B. SAP-Hinweis 2228611) thematisiert wird: »Nur Ausgabearten mit der Möglichkeit einer 1:1-Zuordnung zu NAST-KSCHL können ein IDoc verwenden.« Irgendwo scheint hier intern ein Mapping zwischen der S/4HANA-Ausgabeart und der ursprünglichen Nachrichtenart stattzufinden. Die Stelle, wo das wie passiert, konnte ich bisher allerdings nicht finden.

Allein mit der Einstellung der Regel für den Kanal IDOC und mit der in Abbildung 5.58 gezeigten Partnervereinbarung konnte erfolgreich ein IDoc erzeugt werden (siehe Abbildung 5.59).

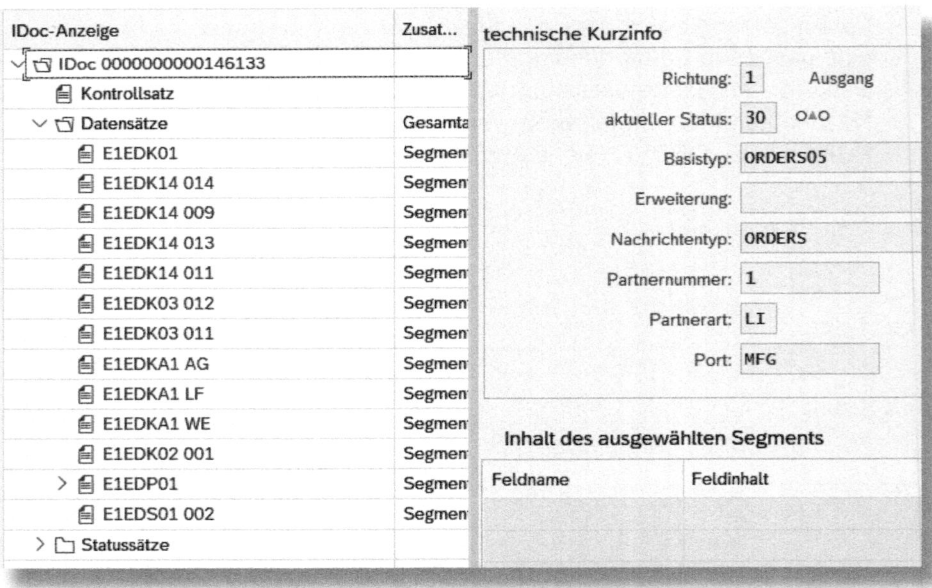

Abbildung 5.59: Mit der S/4HANA-Ausgabesteuerung erzeugtes IDoc

5.4.10 Erweiterbarkeit der Ausgabesteuerung

Sollten Ihnen die im SAP-Standard zur Verfügung gestellten Bedingungsspalten nicht ausreichen, können Sie zusätzliche definieren. Dies ist aber technisch anspruchsvoll. Es genügt nicht, wie in der NAST-Ausgabesteuerung einfach eine neue Konditionstabelle anzulegen. Im Idealfall sind gemäß Hinweis 2248229 die Anwendungen der Ausgabesteuerung ins BRFplus hochzuladen und die Standardeinstellungen zu akzeptieren. Damit ist erst einmal festgelegt, welche Felder in der Entscheidungstabelle für die einzelnen Findungsschritte enthalten sind.

Einsehen können Sie die Einstellungen zur Entscheidungstabelle mit der Transaktion *BRFPLUS*. Ein Browserfenster öffnet sich mit der BRFplus-Workbench (siehe Abbildung 5.60).

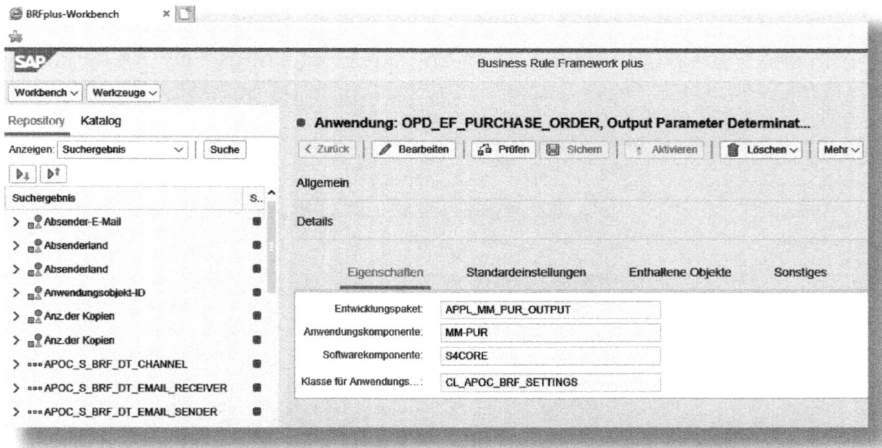

Abbildung 5.60: BRFplus-Workbench

Anschließend suchen Sie z. B. nach Objekten der Anwendung *OPD Purchase Order*. Hierzu klicken Sie auf den Button Suche. Den Namen der Anwendung, die Sie suchen, können Sie z. B. über folgenden Weg ermitteln: Sie aktivieren die Tabelleneinstellungen, drücken Spalte einfügen und wählen die Option »aus Kontextdatenobjekten«. Das in Abbildung 5.61 gezeigte Fenster öffnet sich, und dort sehen Sie die Bezeichnung der relevanten Anwendung.

Vorheriges | Nächstes | Alle Objekte anzeigen | Verwendungsnachweis

Objekt	Status	Typ	Anwendung
Condition Parameters Of Application	■	Struktur	OPD Purchase Order
Belegart	■	Text	OPD Purchase Order
Bestellung	■	Text	OPD Purchase Order
Buchungskreis	■	Text	OPD Purchase Order
Einkaufsorg	■	Text	OPD Purchase Order
Einkäufergrp	■	Text	OPD Purchase Order
Lieferant	■	Text	OPD Purchase Order

Abbildung 5.61: Anwendungsname in »BRFPLUS«

In der Transaktion *BRFPLUS* sehen die Einstellungen zur Anwendung *OPD Purchase Order* aus wie in Abbildung 5.62 gezeigt.

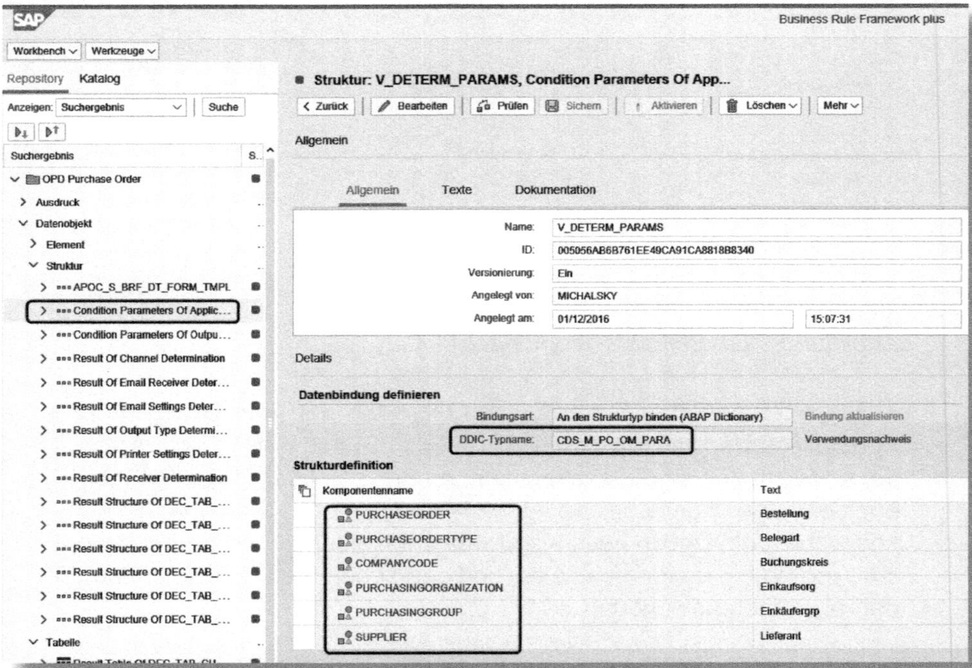

Abbildung 5.62: Anwendungsname in den Tabelleneinstellungen

Hier sind also die Bedingungsparameter für die Anwendung zentral definiert. Dahinter liegt als technisches Objekt eine sogenannte *CDS View* (siehe auch Erklärung in Abschnitt 3.1). Wenn diese CDS View erweiterbar ist, können dieser View prinzipiell zusätzliche Felder hinzugefügt werden.

Weiter wollen wir hier nicht vordringen – ich möchte Ihnen lediglich verdeutlichen, dass einiges an neuem Know-how gefordert ist, wenn Sie in diesem Bereich Veränderungen an den Standardeinstellungen vornehmen möchten.

5.5 Ausgabesteuerung für Materialbelege

Sie können die neue Ausgabesteuerung auch für Materialbelege verwenden. Allerdings sind hier einige Besonderheiten zu beachten.

SAP-Hinweis

Lesen Sie zur Verwendung der neuen Ausgabesteuerung für Materialbelege die beiden sehr ausführlichen SAP-Hinweise 2461075 und 2524991.

Zunächst aktivieren Sie wie bei anderen Anwendungsobjekttypen auch die neue Ausgabesteuerung für Warenbewegungen. Sie wissen bereits, dass dies im Customizing unter folgendem Pfad vorzunehmen ist: SPRO • Anwendungsübergreifende Komponenten • Ausgabesteuerung • Aktivierung des Anwendungsobjekttyps verwalten. Relevant ist in diesem Kontext der Anwendungsobjekttyp *GOODS_MOVEMENT* (siehe Abbildung 5.63).

Zusätzlich zur Aktivierung für den Anwendungsobjekttyp ist in der Bestandsführung eine feinere Differenzierung der Aktivierung je Vorgangsart erforderlich – die relevanten Vorgangsarten sind:

- *Wareneingang zur Bestellung (WE)*
- *Wareneingang zu Auftrag (WF)*
- *Warenausgang (WA)*

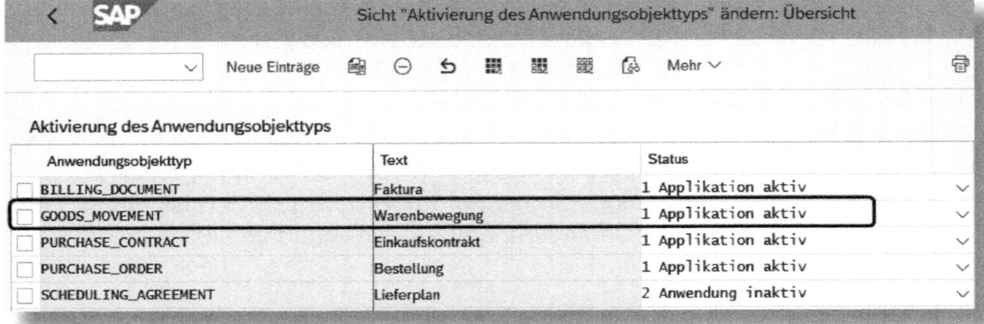

Abbildung 5.63: Aktivierung der S/4HANA-Ausgabesteuerung für den Anwendungsobjekttyp »GOODS_MOVEMENT«

Dies wird im Customizing unter SPRO • Materialwirtschaft • Bestandsführung und Inventur • Drucksteuerung • Aktivierung der neuen Ausgabesteuerung eingestellt (siehe Abbildung 5.64).

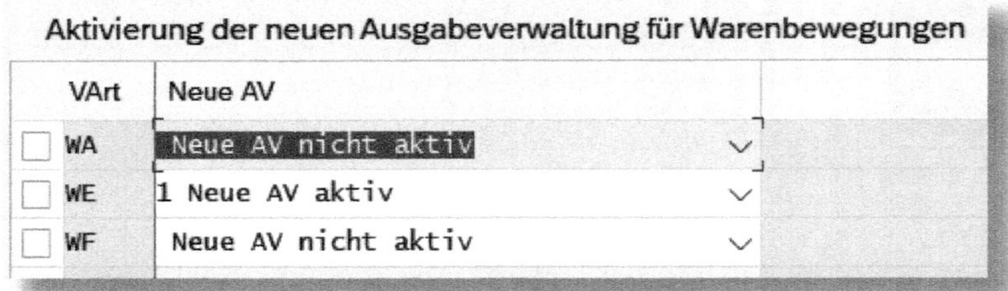

Abbildung 5.64: Aktivierung der neuen Ausgabeverwaltung je Vorgangsart

Die Dokumentation im Customizing ist lesenswert

Die Dokumentation des Customizing-Punktes Aktivierung der neuen Ausgabesteuerung ist sehr informativ – ich empfehle Ihnen, diese durchzulesen!

Im SAP-Standard stehen bereits einige vordefinierte Ausgabearten für Materialbelege zur Verfügung (siehe Abbildung 5.65).

Ausgabeart

Anwendungsobjekttyp	Ausgabeart	Text
GOODS_MOVEMENT	GOODS_ISSUE_SC_SLIP	Warenausgang LB
GOODS_MOVEMENT	GOODS_ISSUE_SLIP	Warenausgangsschein
GOODS_MOVEMENT	GOODS_RECEIPT_LABEL	Bezeichner Wareneingang
GOODS_MOVEMENT	GOODS_RECEIPT_MP_MAIL	Nachricht zu fehlenden Teilen
GOODS_MOVEMENT	GOODS_RECEIPT_ORD_SLIP	Wareneingang zum Auftrag
GOODS_MOVEMENT	GOODS_RECEIPT_PO_SLIP	Wareneingang Bestellung
GOODS_MOVEMENT	GOODS_RECEIPT_QD_MAIL	Nachricht zu Mengenabweichung
GOODS_MOVEMENT	GOODS_RECEIPT_UD_MAIL	Nachricht zu Unterlieferung
GOODS_MOVEMENT	GOODS_TRANSFER_POSTING	Warenbewegung - Umbuchung
GOODS_MOVEMENT	GR_MESSAGE	WE-Nachricht
GOODS_MOVEMENT	MMIM_MATDOC_GDSMVMT_ESOA	eSOA-Warenbewegung

Abbildung 5.65: Standardausgabearten für Warenbewegungen

Noch einmal zur Erinnerung: Die erlaubten Ausgabearten werden unter SPRO • Anwendungsübergreifende Komponenten • Ausgabesteuerung • Ausgabearten definieren im Customizing festgelegt.

Einschränkungen der neuen Ausgabesteuerung bei Materialbelegen

Derzeit gelten für Materialbelege folgende Einschränkungen der S/4HANA-Ausgabesteuerung:

- Die Erzeugung von IDocs aus der Bestandsführung wird nicht unterstützt.
- Eine Nachrichtenerzeugung ist nur auf Positions- und nicht auf Kopfebene möglich.
- Es werden nur die Vorgangsarten *WE*, *WA* und *WF* unterstützt.

Wir wollen nun ein Beispiel einrichten: Beim Buchen des Wareneingangs zu einer Bestellung wollen Sie die Ausgabeart *GOODS_RECEIPT_PO_SLIP* erzeugen. Die Aktivierung des Anwendungsobjekttyps *GOODS_MOVEMENT* für die S/4HANA-Ausgabesteuerung (siehe Abbildung 5.63) sowie die Aktivierung der Vorgangsart *WE* (siehe Abbildung 5.64) sind bereits erfolgt.

Als Nächstes müssen Sie die Geschäftsregeln festlegen. Das tun Sie über den Customizing-Pfad SPRO • Anwendungsübergreifende Komponenten • Ausgabesteuerung •Geschäftsregeln für Ausgabeparameterfindung definieren.

Dazu geben Sie im Feld Zeige Regeln für den Anwendungsobjekttyp *Warenbewegung* ein (siehe Abbildung 5.66).

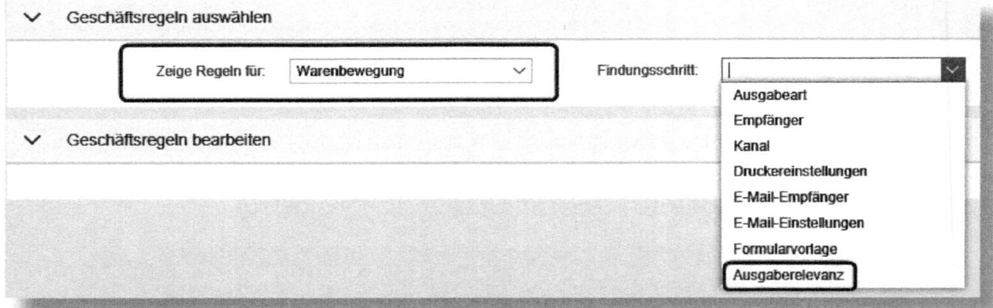

Abbildung 5.66: Geschäftsregeln für den Anwendungsobjekttyp »Warenbewegung«

Zunächst fällt auf, dass Sie hier einen weiteren Findungsschritt Ausgaberelevanz wählen können, der Ihnen von der Bestellung her noch nicht bekannt ist. Was es damit auf sich hat, werden Sie bald erfahren.

Der Standard stellt beim Anwendungsobjekttyp *GOODS_MOVEMENT* zahlreiche Felder für die Bedingungsspalten zur Verfügung. Abbildung 5.67 zeigt einen Ausschnitt der verfügbaren Werte.

Abbildung 5.67: Mögliche Bedingungsspalten in den Regeln zur Warenbewegung (Ausschnitt)

Besondere Relevanz für die Bedingungsspalten bei Materialbelegen besitzen diese beiden Felder:

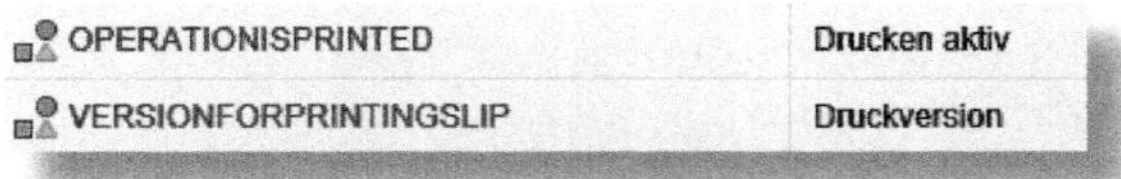

Diese finden im Materialbeleg ihre Entsprechung hier:

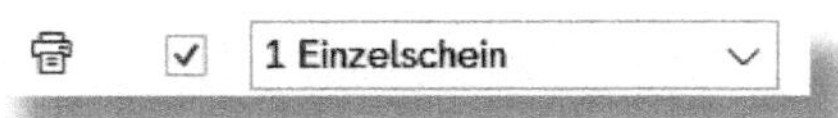

Das Häkchen entspricht dem Feld OPERATIONISPRINTED und das Feld für die Druckversion (hier mit *Einzelschein* gefüllt) dem Feld VERSIONFORPRINTINGSLIP. Einige Einstellungen werden von diesen beiden Feldern gesteuert (z. B. welches Formular verwendet wird – der Einzel- oder Sammelschein).

Sie gehen zunächst schrittweise vor und beginnen mit dem ersten Findungsschritt *Ausgabeart*. Hier bestimmen Sie, unter welchen Bedingungen welche Ausgabeart gefunden wird. Die Ergebnisspalten der Entscheidungstabelle für diesen Findungsschritt, *DT_OUTPUT_TYPE*, lauten Ausgabeart und Versandzeitpunkt (siehe Abbildung 5.68).

Entscheidungstabelle: DT_OUTPUT_TYPE, Ausgabeart

Nach Excel exportieren | Kontextübersicht | Simulation starten

Tabelleninhalt

Suchen: | Nächste/r | Vorherige/r | Tabelleneinstellungen

Pos drucken	Soll/Haben	WE-Sperrbestand	Ausgabeart	Versandzeitpunkt
=1 (Materialbelegdruck)			GOODS_RECEIPT_PO_SLIP (Wa	1 (Sofort)
=2 (Rücklieferung)			GOODS_RECEIPT_PO_SLIP (Wa	1 (Sofort)
=6 (Materialbelegdruck für WE/WA			GOODS_RECEIPT_PO_SLIP (Wa	1 (Sofort)
=1 (Materialbelegdruck)			GOODS_ISSUE_SLIP (Warenaus(	1 (Sofort)
=6 (Materialbelegdruck für WE/WA			GOODS_ISSUE_SLIP (Warenaus(	1 (Sofort)
=1 (Materialbelegdruck)			GOODS_RECEIPT_PRODORD_S	1 (Sofort)
=2 (Rücklieferung)			GOODS_RECEIPT_PRODORD_S	1 (Sofort)
=3 (Warenbegleitschein Lohnbeart	=H (Haben)		GOODS_ISSUE_SC_SLIP (Waren	1 (Sofort)
	=S (Soll)	<>S	GR_MESSAGE (WE-Nachricht)	1 (Sofort)

Abbildung 5.68: Findungsschritt »Ausgabeart«

In unserem Testsystem ist bereits eine passende Regel für die Ausgabeart *GOODS_RECEIPT_PO_SLIP* vorhanden.

Sehen wir uns also den nächsten Findungsschritt *Empfänger* an. Hier bin ich gespannt: Welche SAP-Geschäftspartnerrollen soll es in einem Materialbeleg geben? Deshalb überrascht es nicht, dass die Spalte Rolle einfach mit einem Leerzeichen gepflegt ist – es wird also keine Empfängerrolle festgelegt (siehe Abbildung 5.69).

Bei den Findungsschritten *Kanal* und *Druckereinstellungen* sind keine Besonderheiten festzustellen. Das kennen Sie alles schon.

Bei dem *E-Mail-Empfänger* und den *E-Mail-Einstellungen* stellt sich die Frage, welches die Standard-E-Mail-Adressen für Absender und Empfänger im Materialbeleg sind.

Entscheidungstabelle: DT_RECEIVER, Empfänger

Zusätzliche Aktionen | Kontextübersicht | Simulation starten

Tabelleninhalt

Suchen: | Nächste/r | Vorherige/r

#	Ausgabeart	Rolle	Exklusivkennzeichen
1	=GOODS_RECEIPT_PO_SLIP (Wareneingang Bestellung)	""	- (falsch)
2	=GOODS_ISSUE_SLIP (Warenausgangsschein)	""	- (falsch)
3	=GOODS_RECEIPT_PRODORD_SLIP	""	- (falsch)
4	=GOODS_ISSUE_SC_SLIP (Warenausgang LB)	""	- (falsch)
5	=GR_MESSAGE (WE-Nachricht)	""	- (falsch)

Abbildung 5.69: Findungsschritt »Empfänger«

Im SAP-Hinweis 2461075 steht zum E-Mail-Empfänger Folgendes: »Wenn die Entscheidungstabelle ›E-Mail-Empfänger‹ leer ist, ermittelt das Programm automatisch die E-Mail-Adresse anhand der Einkäufergruppe im Falle einer WE-Nachricht, eines Warenempfängers (falls gepflegt) oder eines aktuellen Benutzers für die anderen Ausgabearten. Andernfalls zieht das Programm eine in der Entscheidungstabelle ›E-Mail-Empfänger‹ festgelegte E-Mail-Adresse bei der Nachrichtenausgabeverarbeitung heran.«

Der Standardabsender ist die E-Mail-Adresse aus dem Benutzerstamm des Users, der den Beleg anlegt.

Beim Findungsschritt *Formularvorlage* möchte ich kurz auf die Besonderheit der Druckversion eingehen. Hier können Sie im Beleg vor dem Drucken wählen zwischen

- *1 Einzelschein*
- *2 Einzelschein mit Prüftext*
- *3 Sammelschein*

Im Beleg selbst findet sich diese Einstellung in dem Feld Version für den Druck des Warenbegleitscheines:

Das Häkchen links davon (das Druckkennzeichen) steuert den Druck des Belegs (siehe Abbildung 5.70).

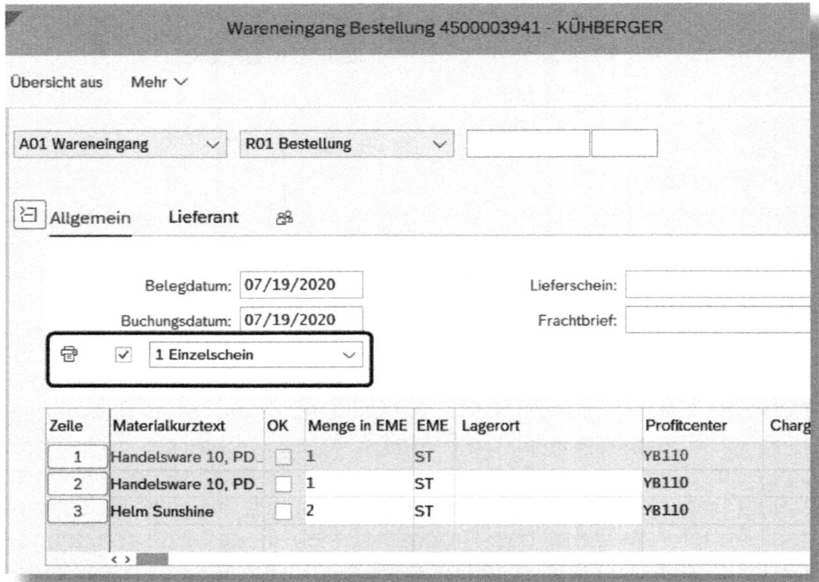

Abbildung 5.70: Position der Druckeinstellungen in der Transaktion »MIGO«

Nun stellen Sie je DRUCKVERSION ein, welches Formular verwendet wird. Bei einem EINZELSCHEIN ist es ein anderes als bei einem SAMMELSCHEIN (siehe Abbildung 5.71).

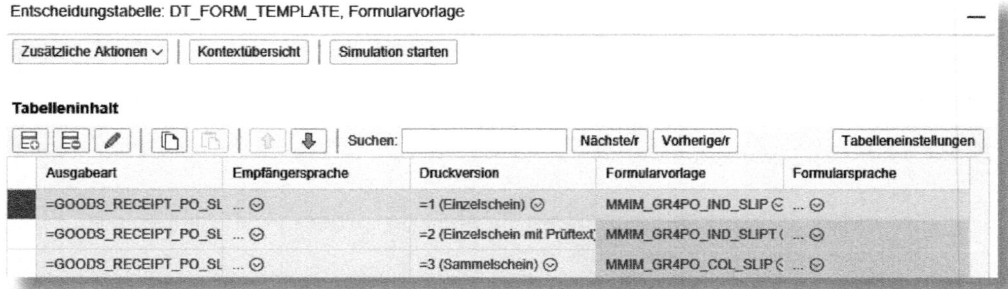

Abbildung 5.71: Findungsschritt »Formularvorlage«

Im letzten Findungsschritt *Ausgaberelevanz* finden sich die in Abbildung 5.72 gezeigten Möglichkeiten.

Abbildung 5.72: Findungsschritt »Ausgaberelevanz«

Im Wesentlichen bestimmen Sie hier, ob eine bestimmte Ausgabeart relevant ist oder nicht. Im Fall der Materialbelege scheint dieser Schritt wenig sinnvoll, da Sie bereits im ersten Findungsschritt festgelegt haben, dass die Ausgabe *GOODS_RECEIPT_PO_SLIP* unter bestimmten Bedingungen gefunden werden soll. Warum müssen Sie dann hier noch einmal bestätigen, dass die Ausgabeart relevant ist?

Vielleicht lässt es sich am Beispiel einer SD-Faktura besser erklären, wofür dieser Schritt eigentlich gedacht war: Dort würde man, abhängig vom Status der Faktura, in letzter Instanz im Moment der Nachrichtenerzeugung noch einmal prüfen, ob die Ausgabe erfolgen soll oder nicht. Beispielsweise könnte man die Ausgabe zurückhalten, wenn noch kein Buchhaltungsbeleg erstellt werden konnte.

Warum man bei der Warenbewegung diesen Schritt nicht wie bei der Bestellung einfach weggelassen hat, erschließt sich mir auf den ersten Blick nicht. Zumindest ist es eine praktische Möglichkeit, die Ausgabe einer bestimmten Ausgabeart (temporär) zentral und vollständig zu blockieren.

Nach dem Buchen des Materialbelegs erscheint bei einem Einzelschein auf Positionsebene ein neuer Reiter Nachrichten (siehe Abbildung 5.73).

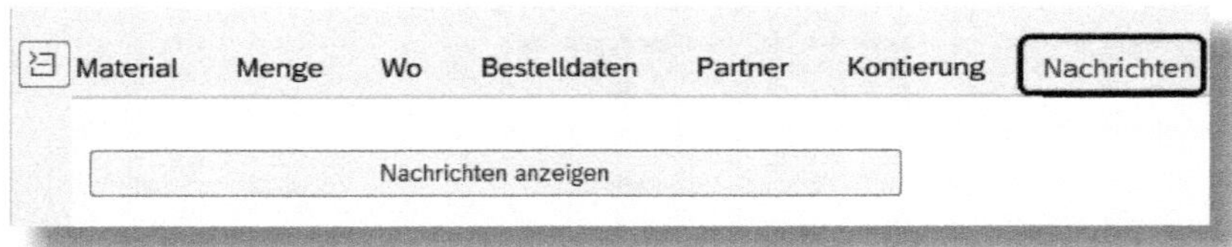

Abbildung 5.73: Reiter »Nachrichten« auf Positionsebene im Materialbeleg

Auch bei einem Sammelschein sehen Sie den Reiter auf Positionsebene, allerdings nur bei der ersten Position. Der Sammelschein enthält dann alle Positionen aus dem Materialbeleg.

Wenn Sie auf den Button [Nachrichten anzeigen] klicken, erscheint das in Abbildung 5.74 gezeigte Bild, auf dem Sie die gefundenen Ausgabearten sehen.

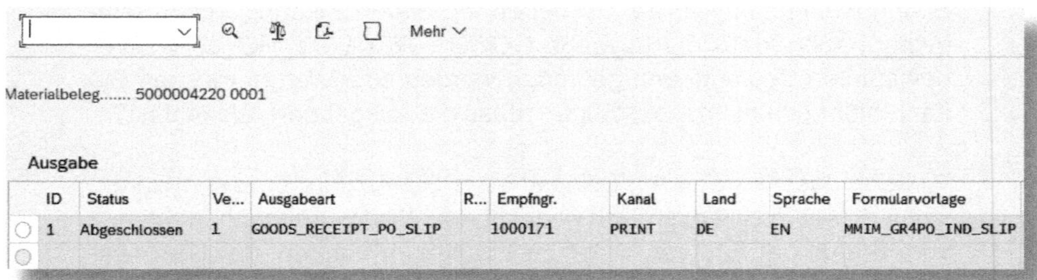

Abbildung 5.74: Gefundene Ausgabeart im Materialbeleg

Das Programm, das beim Versandzeitpunkt *Eingeplant* für die Erzeugung der Nachrichten zu verwenden ist, heißt *MATERIAL_DOCUMENT_OUTPUT_RUN* (siehe Abbildung 5.75). Die Versandzeitpunkte haben Sie in Abschnitt 5.4.2 kennengelernt.

Abbildung 5.75: Programm »MATERIAL_DOCUMENT_OUTPUT_RUN«

Funktionalitäten im Zusammenhang mit der Ausgabesteuerung aus dem Materialbeleg

Im Rahmen der Ausgabesteuerung für Materialbelege können Sie zusätzlich folgende spannende Funktionalitäten nutzen – die genaue Funktionsweise und wie Sie diese in der S/4HANA-Ausgabesteuerung einstellen, entnehmen Sie bitte Hinweis 2461075:

- Sie können einstellen, dass eine Nachricht an die E-Mail-Adresse der Einkäufergruppe versandt wird, wenn der Wareneingang (WE) zur Bestellung gebucht wird. Dafür müssen Sie in der Bestellung das Häkchen bei WE-Nachricht setzen (siehe Abbildung 5.76).
- Sie können einstellen, dass bei Unterlieferung, fehlenden Teilen und Mengenabweichungen E-Mails versandt werden.

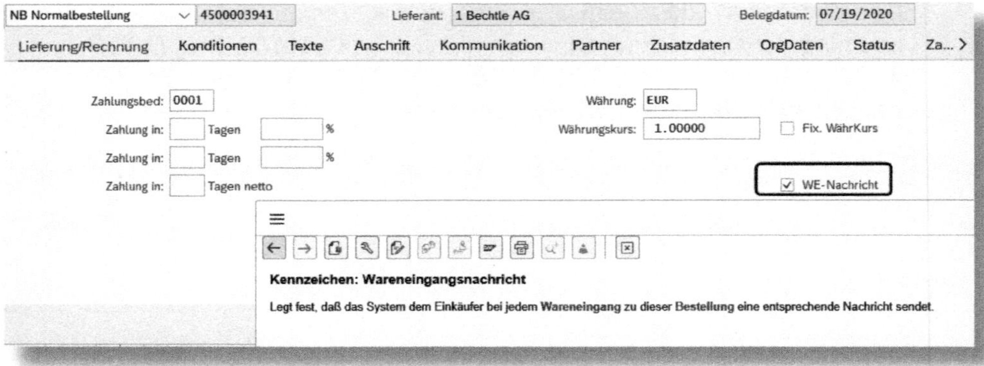

Abbildung 5.76: Häkchen bei »WE-Nachricht« im Bestellkopf

6 SAP Fiori

SAP Fiori ist hinsichtlich der Benutzeroberfläche von SAP der Weg der Zukunft: Fiori ist modern, intuitiv zu bedienen, (im Gegensatz zur herkömmlichen Benutzeroberfläche SAP GUI) optisch ansprechend, webbasiert und läuft auf verschiedenen Endgeräten. Deshalb möchte ich Ihnen zum Schluss noch einen kurzen Einblick in SAP Fiori geben.

Um sich in SAP Fiori anzumelden, müssen Sie eine URL aufrufen – Fiori ist webbasiert. Abbildung 6.1 zeigt den sich daraufhin öffnenden Eingabescreen für die Login-Daten.

Abbildung 6.1: Anmeldung in SAP Fiori

Wenn Sie mit SAP GUI arbeiten, erfolgt der Einstieg in die SAP-Funktionalität über den Startbildschirm SAP EASY ACCESS und das dort zu findende Menü (siehe Abbildung 6.2).

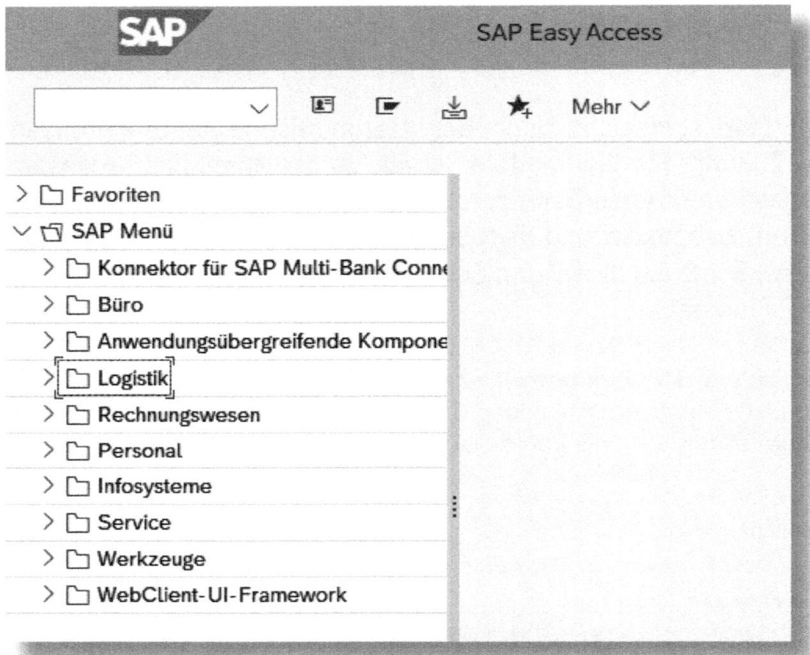

Abbildung 6.2: Startbildschirm von SAP Easy Access

Im Gegensatz dazu sieht der Einstieg bei Verwendung von SAP Fiori gemäß der Darstellung in Abbildung 6.3 aus – hier sehen Sie das *Fiori Launchpad*.

Das Launchpad arbeitet statt mit einem Menü mit »Kacheln«. Hinter jeder Kachel steckt eine *Fiori-App* – das Pendant zur *Transaktion* bei Verwendung von SAP GUI.

Die notwendigen Berechtigungen und Einstellungen vorausgesetzt, können Sie sich über den sogenannten *App Finder* die gewünschten Funktionalitäten heraussuchen, die dann als Kacheln im Launchpad zur Verfügung gestellt werden. Den App Finder rufen Sie mit Klick auf den Button im Fiori Launchpad auf, danach wählen Sie die Option App Finder (siehe Abbildung 6.4).

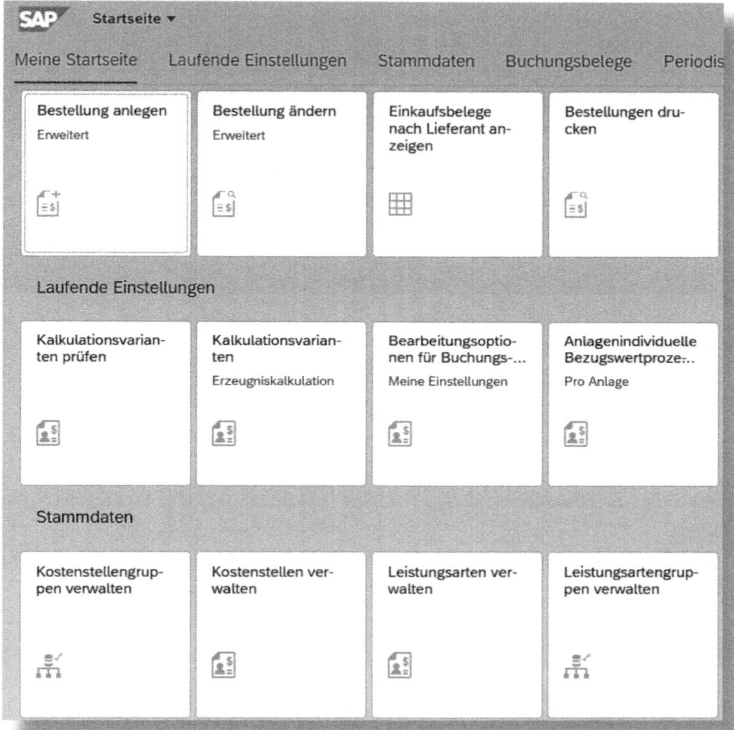

Abbildung 6.3: SAP-Fiori-Kacheln

Abbildung 6.4: Aufruf des App Finder

Abbildung 6.5 zeigt einen winzigen Auszug aus den für den Einkauf verfügbaren Fiori-Apps im App Finder.

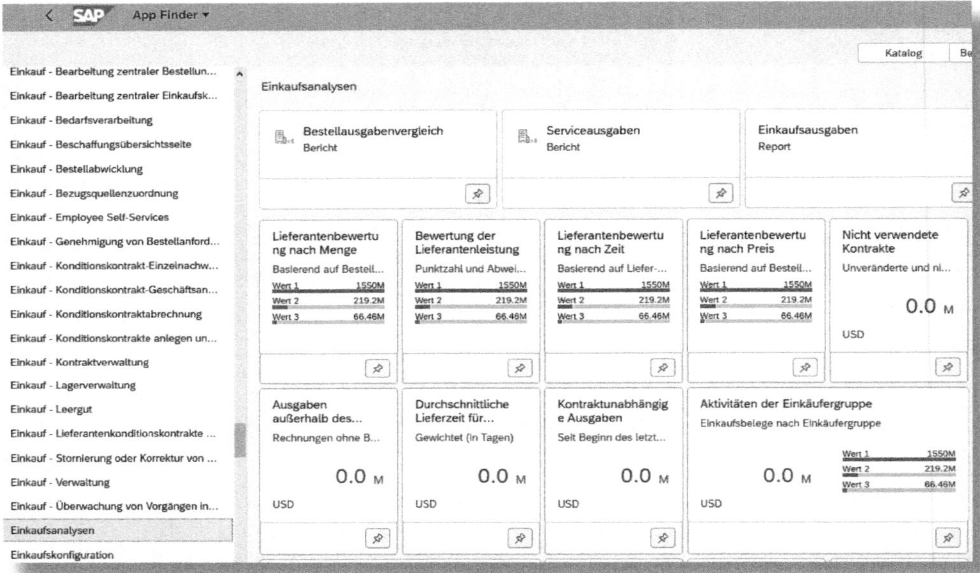

Abbildung 6.5: Auszug aus den Fiori-Apps für den Einkauf

Teilweise existieren die Standard-SAP-Transaktionen ebenfalls als App. Wenn Sie beispielsweise im App Finder nach dem Transaktionscode *ME21N* suchen, dann finden Sie eine passende App (siehe Abbildung 6.6).

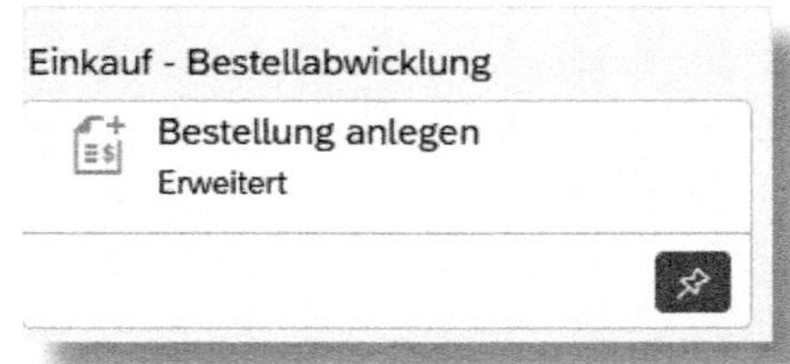

Abbildung 6.6: App zur Transaktion »ME21N«

Wenn Sie diese App ausführen, scheint vieles recht vertraut – ganz ähnlich wie bei der herkömmlichen Transaktion *ME21N* unter SAP GUI (siehe Abbildung 6.7).

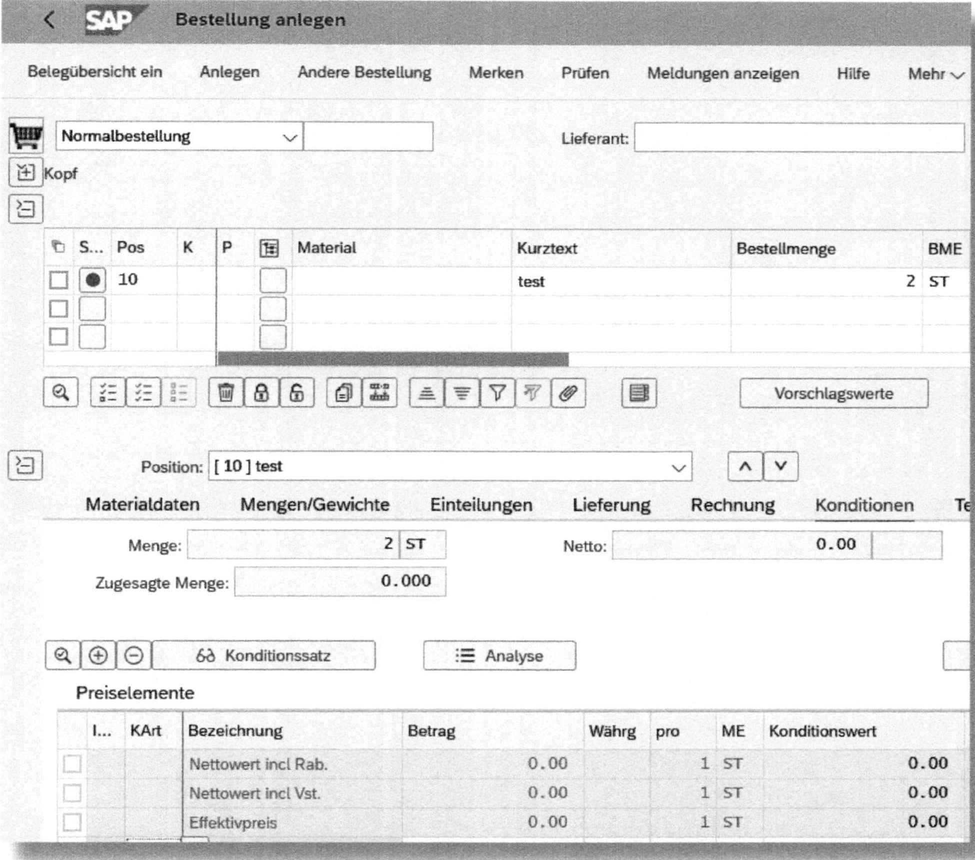

Abbildung 6.7: Fiori-App »ME21N«

Es gibt aber auch zahllose Apps, die mit den bisherigen SAP-Transaktionen nur wenig zu tun haben und teilweise völlig neue Funktionalitäten bzw. Auswertungsmöglichkeiten bieten. Als Beispiele wollen wir uns Screenshots von einigen Apps anschauen:

- *Aktivitäten der Einkäufergruppe* (siehe Abbildung 6.8)
- *Wareneingang zur Bestellung buchen* (siehe Abbildung 6.9)
- *Meine Einkaufsbelegpositionen* (siehe Abbildung 6.10)

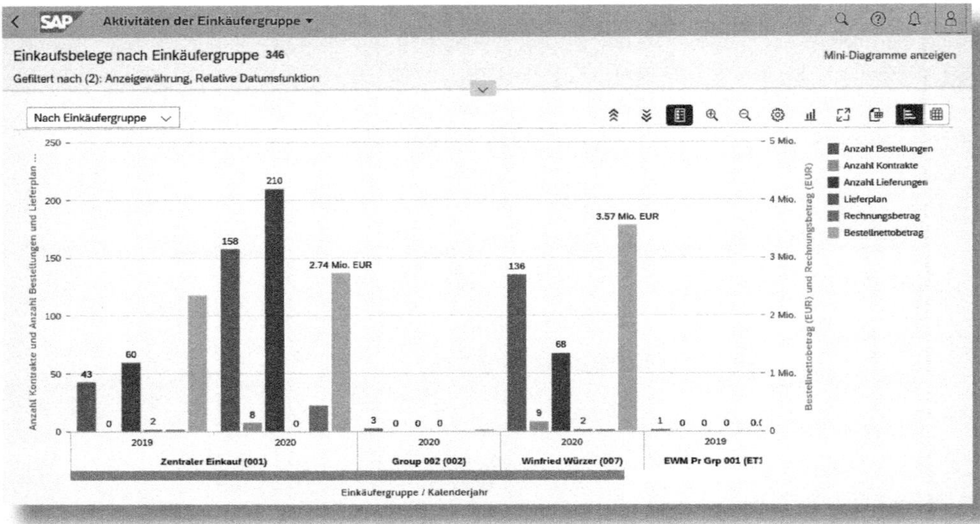

Abbildung 6.8: App »Aktivitäten der Einkäufergruppe«

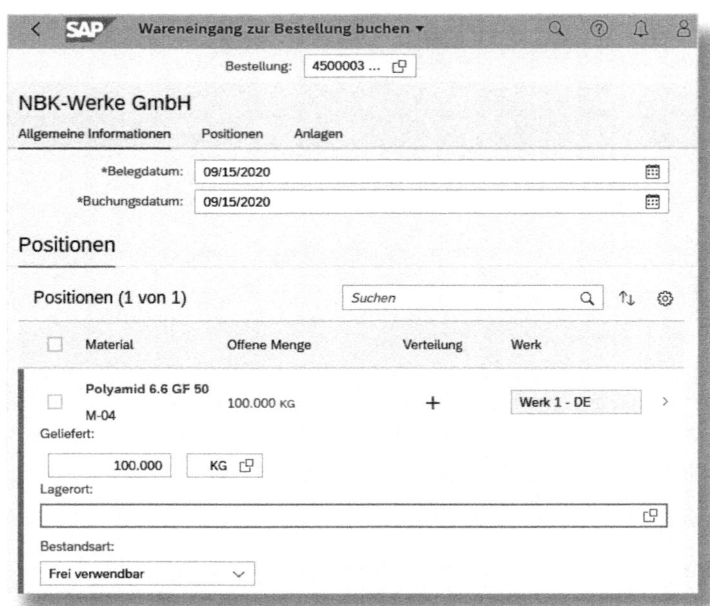

Abbildung 6.9: App »Wareneingang zur Bestellung buchen«

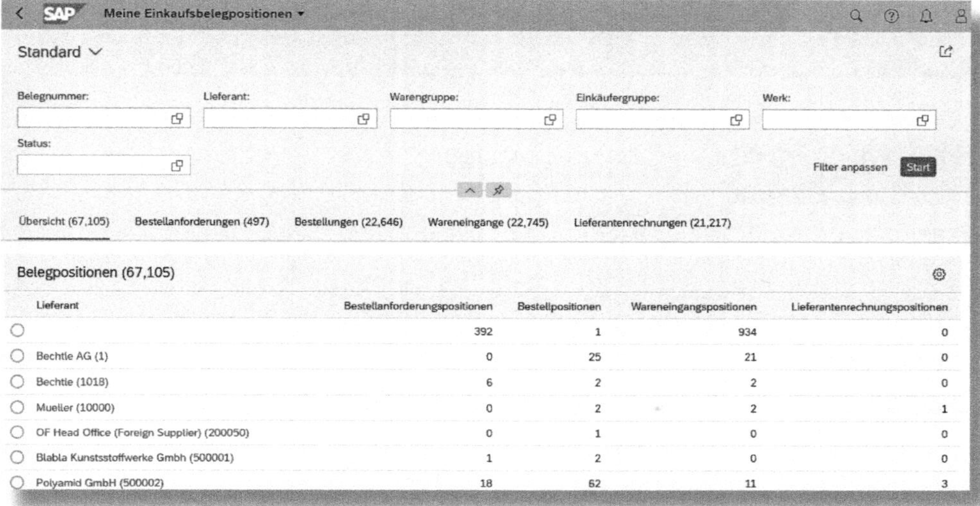

Abbildung 6.10: App »Meine Einkaufsbelegpositionen«

Einen Überblick über die verfügbaren Apps können Sie sich online in der *Fiori Apps Reference Library* verschaffen, indem Sie einfach nach diesem Begriff im Internet suchen. Die Handhabung ist etwas gewöhnungsbedürftig, aber Sie finden dort detaillierte Informationen zu allen existierenden Apps (siehe Abbildung 6.11).

Für S/4HANA sind hier über 10.000 Apps gelistet – das erklärt vielleicht auch, warum eine detaillierte Behandlung von Fiori den Rahmen dieses Buches sprengen würde.

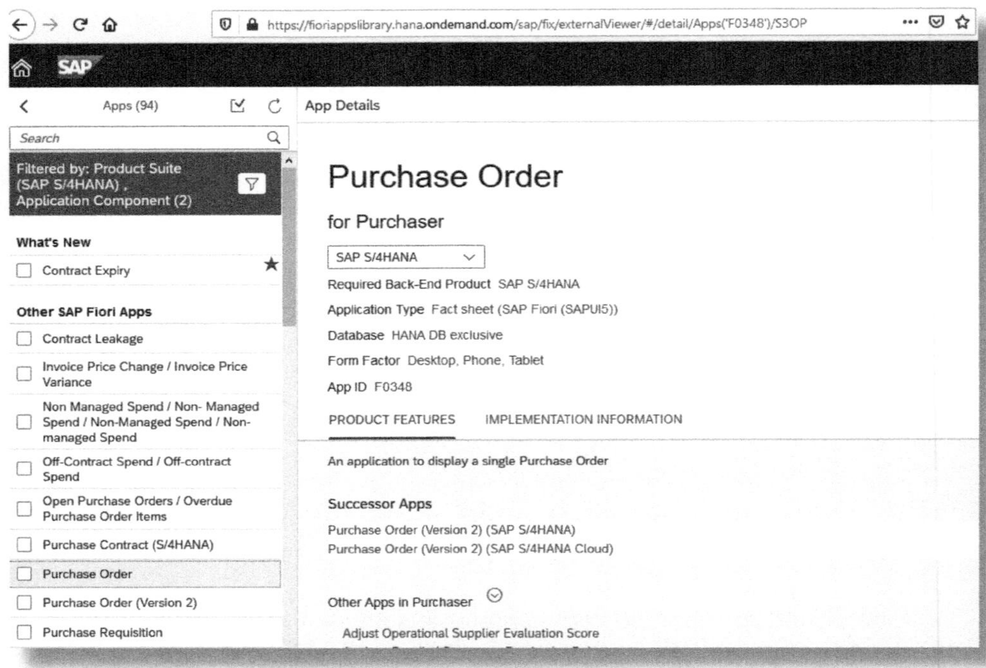

Abbildung 6.11: Fiori Apps Reference Library

7 Ausblick

Mit der Migration zu SAP S/4HANA kommen große und komplexe Projekte auf uns zu. Es ist für Unternehmen an der Zeit, sich einen Plan zurechtzulegen und über die unterschiedlichen Implementierungsansätze nachzudenken.

Im Bereich der Materialwirtschaft hält sich das Delta aus meiner Sicht in Grenzen, und dennoch haben wir bei einer Umstellung auf S/4HANA genug zu tun! Ich wünsche Ihnen viel Freude bei der Erkundung der neuen Welt und erfolgreiche Projekte.

Sie haben das Buch gelesen und sind mit unserem Werk zufrieden? Bitte schreiben Sie uns eine Rezension!

Unser Newsletter

Bleiben Sie stets informiert!

Aktuelle Neuerscheinungen und exklusive Rabattaktionen einmal im Monat per Mail direkt an Sie:

Melden Sie sich noch heute an unter *http://newsletter.espresso-tutorials.de*.

A Die Autorin

Christine Kühberger fand den Einstieg in die SAP-Welt nach Abschluss ihres Informatikstudiums zunächst bei einem Global Player; hier hatte sie in einem internationalen Rollout-Projekt an verschiedenen Standorten eine tragende Funktion inne.

Seit 2008 ist sie als selbstständige Beraterin, Dozentin und Autorin für SAP SD und MM tätig. Neben der SAP-Beraterzertifizierung (SD und MM) bilden fundiertes Expertenwissen über Customizing, die Prozesse, ABAP-Programmierkenntnisse, Erfahrung mit Formularen, Workflow-Entwicklung, Berechtigungen und Schnittstellen die fachliche Basis ihrer Arbeit.

Ihre Kommunikationsstärke setzt sie in diesem Buch ein, um auch komplexe Sachverhalte für den Leser verständlich und nachvollziehbar darzulegen.

B Index

H

I

L

M

N

P

R

S

T

C Disclaimer

Die in diesem Werk wiedergegebenen Gebrauchsnamen, Handelsnamen, Warenbezeichnungen usw. können auch ohne besondere Kennzeichnung Marken sein und als solche den gesetzlichen Bestimmungen unterliegen. Sämtliche in diesem Werk abgedruckten Bildschirmabzüge unterliegen dem Urheberrecht der SAP SE, Dietmar-Hopp-Allee 16, 69190 Walldorf.

In dieser Publikation wird auf Produkte der SAP SE Bezug genommen. SAP, R/3, SAP NetWeaver, Duet, PartnerEdge, ByDesign, SAP BusinessObjects Explorer, StreamWork und weitere im Text erwähnte SAP-Produkte und -Dienstleistungen sowie die entsprechenden Logos sind Marken oder eingetragene Marken der SAP SE in Deutschland und anderen Ländern. Business Objects und das Business-Objects-Logo, BusinessObjects, Crystal Reports, Crystal Decisions, Web Intelligence, Xcelsius und andere im Text erwähnte Business-Objects-Produkte und -Dienstleistungen sowie die entsprechenden Logos sind Marken oder eingetragene Marken der Business Objects Software Ltd. Business Objects ist ein Unternehmen der SAP SE. Sybase und Adaptive Server, iAnywhere, Sybase 365, SQL Anywhere und weitere im Text erwähnte Sybase-Produkte und -Dienstleistungen sowie die entsprechenden Logos sind Marken oder eingetragene Marken der Sybase Inc. Sybase ist ein Unternehmen der SAP SE. Alle anderen Namen von Produkten und Dienstleistungen sind Marken der jeweiligen Firmen. Die Angaben im Text sind unverbindlich und dienen lediglich zu Informationszwecken. Produkte können länderspezifische Unterschiede aufweisen.

Der SAP-Konzern übernimmt keinerlei Haftung oder Garantie für Fehler oder Unvollständigkeiten in dieser Publikation. Der SAP-Konzern steht lediglich für SAP-Produkte und -Dienstleistungen nach der Maßgabe ein, die in der Vereinbarung über die jeweiligen Produkte und Dienstleistungen ausdrücklich geregelt ist. Aus den in dieser Publikation enthaltenen Informationen ergibt sich keine weiterführende Haftung.

Weitere Bücher von Espresso Tutorials

Muhamed Karalic:

Praxishandbuch Materialstammdaten in SAP® ERP

- Grundlagen des Materialstamms
- Wechselwirkungen zwischen den Modulen
- Kosteneffiziente Beschaffungs- und Planungstechniken
- Best-Practice-Vorschläge für Bestandsführung und Qualitätskontrolle

http://5204.espresso-tutorials.de

Martin Munzel:

Praxishandbuch MM-Kontenfindung in SAP® ERP und S/4HANA

- Übersicht aller Buchungsvorgänge in der MM-Kontenfindung
- Nachvollziehbar anhand von Buchungsbeispielen
- Hilfestellung bei der Kontierungsanalyse
- Tipps und Tricks für die konzernweite Kontenfindung

http://5214.espresso-tutorials.de

Robin Schneider:

Praxishandbuch SAP® CVI (Customer-Vendor-Integration)

- Funktionen, Einrichtung und Arbeitsweise der CVI
- Kunden-/Lieferantenintegration in den zentralen Geschäftspartner
- Vergleich der Prozesse beim Brownfield- und Greenfield-Ansatz
- Arbeiten mit dem Synchronisationscockpit

http://5419.espresso-tutorials.de

Robin Schneider:

Praxishandbuch SAP®-Geschäftspartner (Business Partner) – Funktionen und Integration in SAP® S/4HANA (2., erweiterte Auflage)

- Das Geschäftspartnerkonzept der SAP
- Integration des SAP-Geschäftspartners in SAP ERP und SAP S/4HANA
- Synchronisation von Geschäftspartnern und Customer Vendor Integration (CVI)
- Überblick zu Einstellungen im Customizing und in der Stammdatenpflege

http://5468.espresso-tutorials.de